なにがでるかな？

わくわくシール

ドリルが　1かい　おわったら、
ほんの　さいごに　ある、がんばりひょうに
すきな　シールを　1まい　はろう。
シールを　めくると、うらないが　でて　くるよ。

うらない

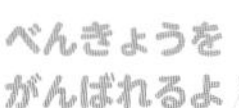

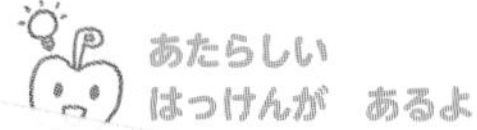

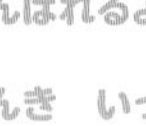

げんき　いっ
なるよ！

すてきな
みられるか

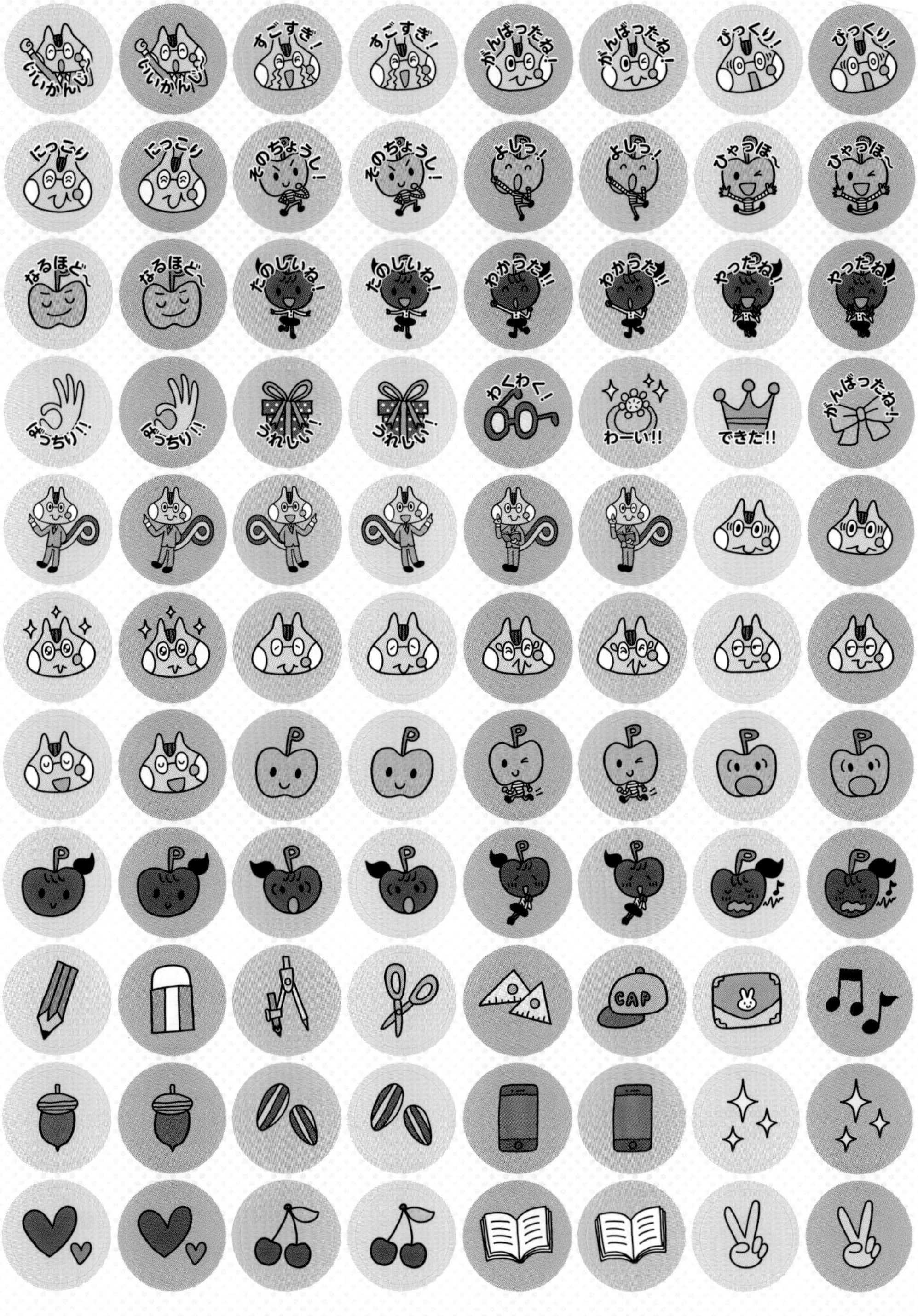

合かく 80点 ／100

月　日

答え 81ページ

1　表と　グラフ

[それぞれの　どうぶつごとに　数(かず)を　しらべます。]

1 どうぶつの　数を　しらべましょう。 教 上11～14ページ

①　右の　グラフに、どうぶつの　数を　○を　つかって　あらわしましょう。　40点(てん)(1つ10)

どうぶつの　数しらべ

<table>
<tr><td></td><td></td><td></td><td></td></tr>
<tr><td></td><td></td><td></td><td></td></tr>
<tr><td></td><td></td><td></td><td></td></tr>
<tr><td>○</td><td></td><td></td><td></td></tr>
<tr><td>○</td><td></td><td></td><td></td></tr>
<tr><td>○</td><td></td><td></td><td></td></tr>
<tr><td>○</td><td></td><td></td><td></td></tr>
<tr><td>うさぎ</td><td>かえる</td><td>あひる</td><td>さる</td></tr>
</table>

②　下の　表(ひょう)に、どうぶつの　数を　書(か)きましょう。　40点(1つ10)

どうぶつの　数しらべ

どうぶつ	うさぎ	かえる	あひる	さる
数	4			

③　どの　どうぶつが　いちばん　多(おお)いでしょうか。　20点

(　　　　　)

教科書 上11～15ページ

2 たし算
2けた＋2けたの 計算 ……(1)

［23＋14は、10が いくつと、1が いくつに 分けて 考えます。］

1 23＋14の 計算の しかたを 考えます。 教上19〜21ページ1

100点(1つ10)

① 10が いくつと 1が いくつに 分けて 考えます。

23は 20と 3

14は 10と 4

20と 10で □

3と 4で □

23＋14＝□

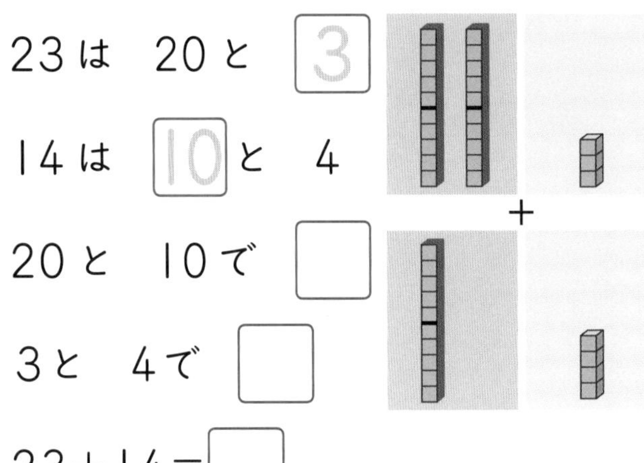

の つみ木が
あわせて いくつ、
の つみ木が
あわせて いくつ
あるか 考えましょう。

② 十の位、一の位と いう ことばを つかって せつ明します。

十の位どうしを たすと、2＋1＝□

一の位どうしを たすと、3＋4＝□

十の位の 3は、10が

3こで □ と いう いみだから

23＋14の 答えは、

30と □ を あわせて □。

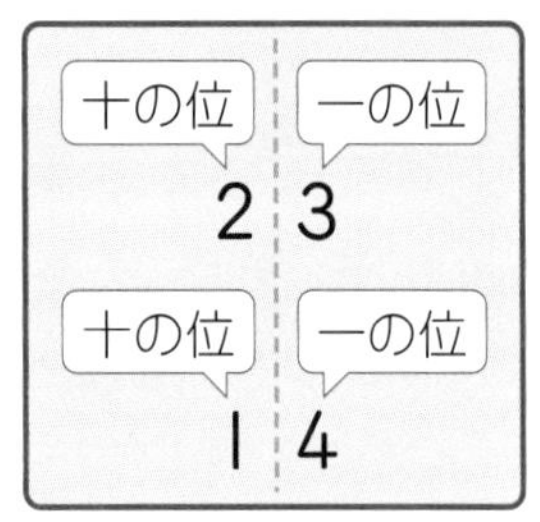

位ごとに
計算するんだね。

時間15分 合かく80点 /100

月 日

2 たし算
2けた＋2けたの 計算 ……(2)

［ 23 ＋15 38 のような 計算(けいさん)の しかたを 筆算(ひっさん)と いいます。］

1 23＋15の 筆算の しかたを 考(かんが)えます。 教 上22ページ2

10点(1つ5)

① 位(くらい)を たてに そろえて 書(か)く。

② 一の位の 計算を する。

3＋5＝8

③ 十の位の 計算を する。

2＋1＝□

①
	2	3
＋	1	5

②
	2	3
＋	1	5
		8

③
	2	3
＋	1	5
	3	8

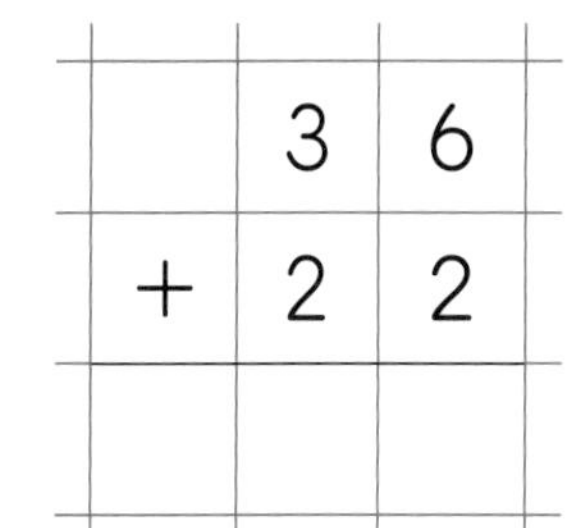

2 計算を しましょう。 教 上23ページ②、③

45点(1つ15)

①
	1	4
＋	2	1

②
	2	3
＋	3	2

③
	3	6
＋	2	2

⚠ミスにちゅうい！

3 筆算で しましょう。 教 上23ページ②、③

45点(1つ15)

① 16＋32

② 71＋18

③ 42＋21

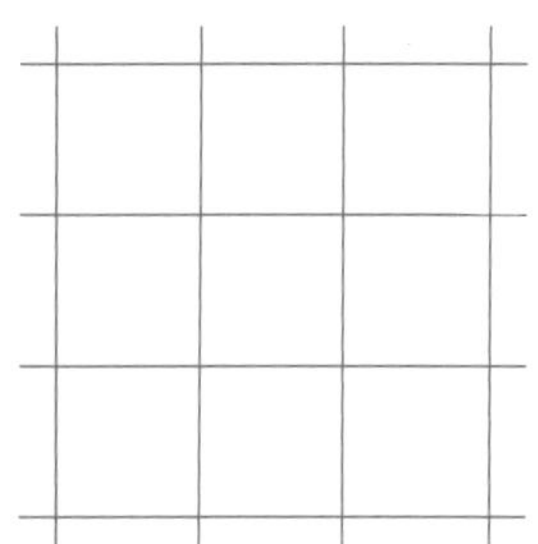

きほんのドリル 4。

時間15分 合かく80点 ／100

月　日

2 たし算
2けた＋2けたの　計算 ……(3)

[一の位(くらい)の　計算(けいさん)が　10より　大きく　なる　とき、くり上げます。]

1 18＋25の　筆算(ひっさん)の　しかたを　考(かんが)えます。 教 上23～25ページ3

40点(てん)(1つ10)

① 位を　たてに　そろえて　書(か)く。

② 8＋5＝[13]

一の位に　3を　書き、

十の位に　[1]　くり上げる。

③ 1＋1＋2＝[　]

(↑くり上げた1)

十の位に　[　]を　書く。

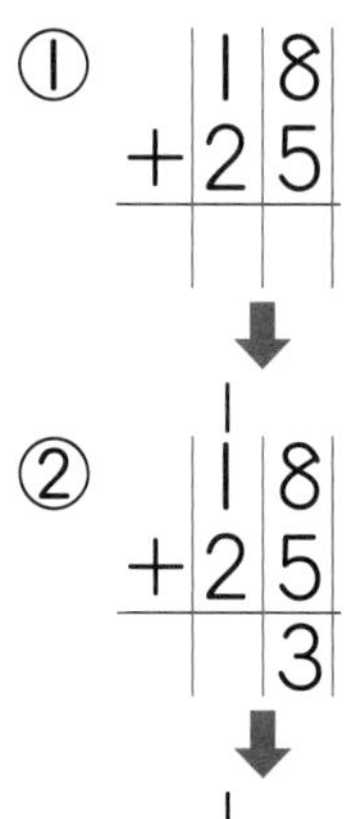

③
1
18
+25
43

くり上げた
1を　小さく
書いて
おきましょう。

2 計算を　しましょう。 教 上25ページ4

30点(1つ10)

① 29＋15（筆算）

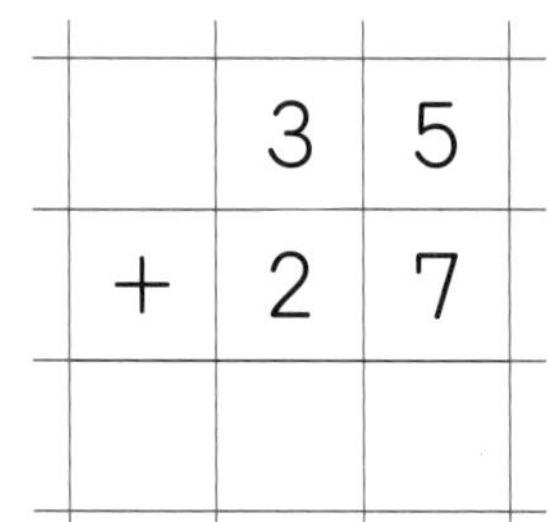

③ 43＋39（筆算）

⚠ミスにちゅうい！

3 筆算で　しましょう。 教 上25ページ4

30点(1つ10)

① 17＋34　② 63＋29　③ 36＋38

きほんのドリル >5。

合かく 80点 /100

月　日

2 たし算
2けた＋2けたの　計算 ……(4)

[位(くらい)ごとの　数字(すうじ)が　ずれないように　書(か)きます。]

1 計算(けいさん)を　しましょう。 教 上26ページ4、5　40点(てん)(1つ10)

① 17＋23

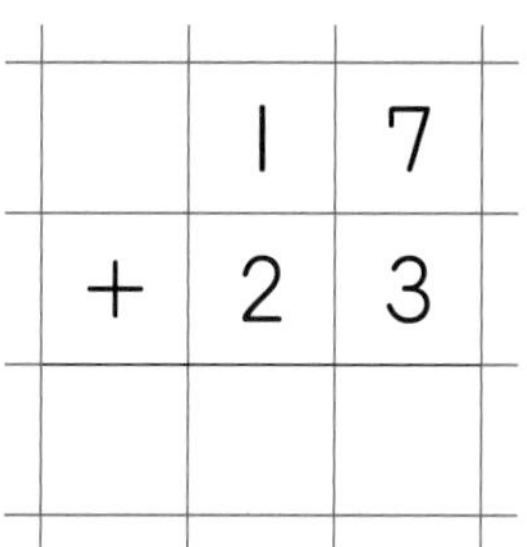

② 32＋28

③ 36＋7

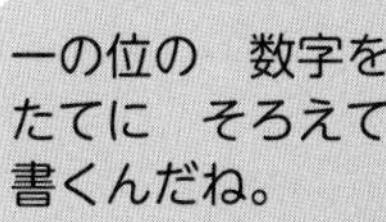

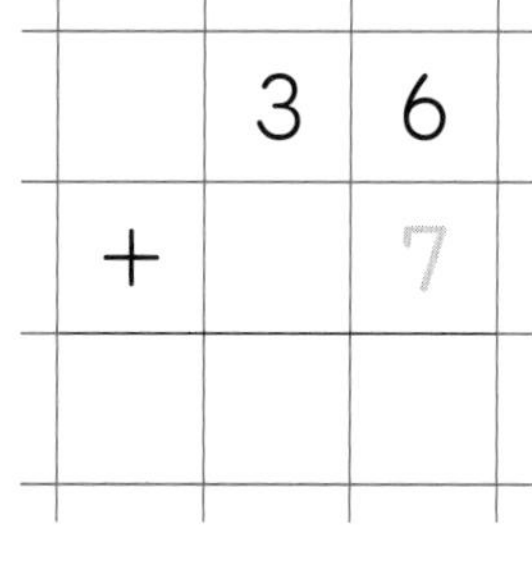

④ 9＋45

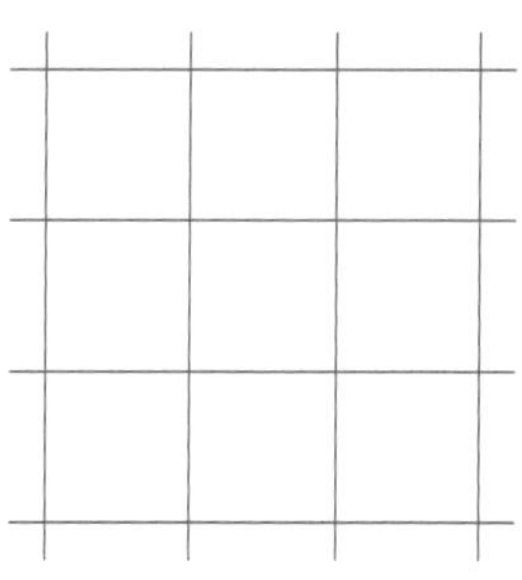

2 計算を　しましょう。 教 上26ページ⑦、⑧　30点(1つ10)

① 25＋35　② 41＋19　③ 3＋58

⚠ミスにちゅうい！

3 筆算(ひっさん)で　しましょう。 教 上26ページ⑦、⑧　30点(1つ10)

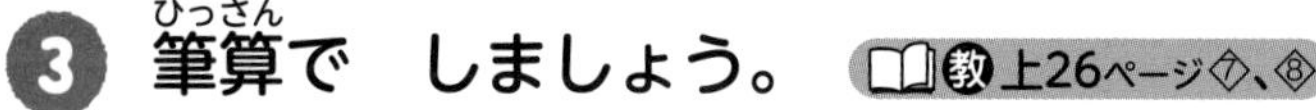

① 38＋42　② 27＋6　③ 9＋61

位ごとの
数字が
ずれないように
気をつけ
ましょう。

合かく 80点　／100

月　日

2　たし算
たし算の　きまり

［たし算では、たされる数と　たす数を　入れかえて　たしても、答えは　同じに　なります。］

たされる数　たす数　答え
4 + 3 = 7
3 + 4 = 7

1 赤えんぴつが　14本、青えんぴつが　7本　あります。あわせて　何本　あるでしょうか。□に　あてはまる　数を　書きましょう。

教 上27ページ6　20点(1つ5)

かよ

式　14+7=□　　答え □本

たかし

式　7+14=□　　答え □本

14+7と　7+14の　答えは、どちらも　21で　同じです。

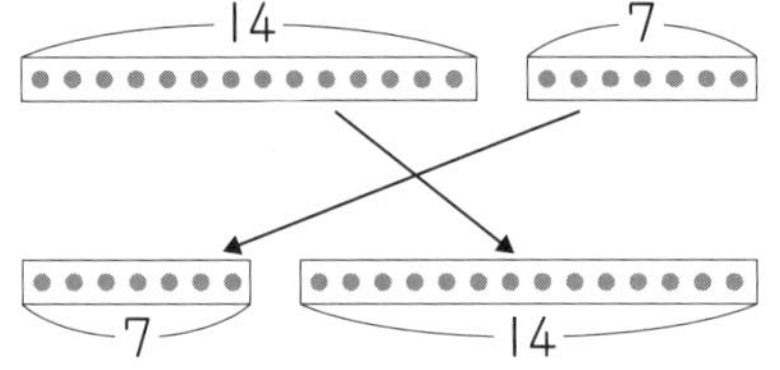

2 計算を　して、答えを　くらべましょう。同じ　ときは、(　)に　○を　書きましょう。教 上28ページ9　60点(1つ10)

① あ　18+56=□　　い　56+18=□　(　　)

② あ　24+9=□　　い　9+24=□　(　　)

24+9の　24を　たされる数、9を　たす数と　いうよ。

3 答えが　同じに　なるように、□に　数を　書きましょう。

教 上28ページ10　20点(1つ10)

① 14+40と　40+□　　② 32+28と　□+32

まとめのドリル 7。　2　たし算

合かく 80点　／100

月　日

1 計算(けいさん)を　しましょう。　60点(1つ10)

① $\begin{array}{r} 16 \\ +23 \\ \hline \end{array}$　② $\begin{array}{r} 30 \\ +42 \\ \hline \end{array}$　③ $\begin{array}{r} 24 \\ +\ \ 5 \\ \hline \end{array}$

④ $\begin{array}{r} 29 \\ +26 \\ \hline \end{array}$　⑤ $\begin{array}{r} 43 \\ +37 \\ \hline \end{array}$　⑥ $\begin{array}{r} 8 \\ +62 \\ \hline \end{array}$

2 ㋐と　㋑の　答(こた)えが　同(おな)じ　ときには　○、ちがう　ときには　×を　書(か)きましょう。　10点(1つ5)

① ㋐　19＋52
　 ㋑　19＋25
（　　　　）

② ㋐　36＋28
　 ㋑　28＋36
（　　　　）

3 □に　あてはまる　数(かず)を　書きましょう。　20点(1つ5)

① $\begin{array}{r} 2\ \square \\ +\ \square\ 5 \\ \hline 3\ \ 9 \end{array}$

ミスにちゅうい！
② $\begin{array}{r} 3\ \ 7 \\ +\ 2\ \square \\ \hline \square\ 3 \end{array}$

4 24円(えん)の　ドーナツと　28円の　カステラを　１つずつ　買(か)います。あわせて　何円(なんえん)に　なるでしょうか。　10点(式5・答え5)

式(しき)（　　　　　　　　　）　答え（　　　　）

15分　合かく 80点　/100

月　日

答え 82ページ

3　ひき算
2けた－2けたの　計算　……(1)

[39－13は、10が　いくつと、1が　いくつに　分けて　考えます。]

1 39－13の　計算の　しかたを　考えます。 教 上35～37ページ1

100点(1つ10)

① 10が　いくつと　1が　いくつに　分けて　考えます。

39は　30　と　9

13は　10と　3

30から　10を　ひいて　□

9から　3を　ひいて　□

39－13＝□

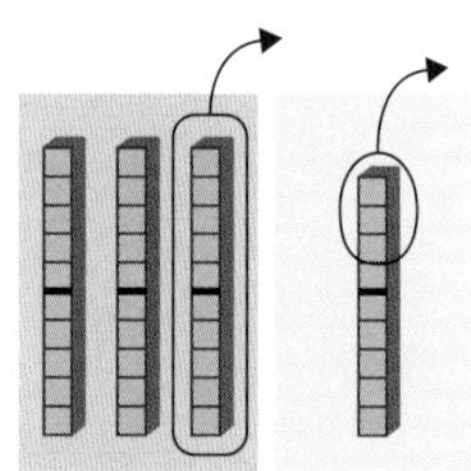

の　つみ木が
のこり　いくつ、
の　つみ木が
のこり　いくつに
なるでしょうか。

② 十の位、一の位と　いう　ことばを　つかって　せつ明します。

十の位どうしを　ひくと、3－1＝□

一の位どうしを　ひくと、9－3＝□

十の位	一の位
3	9
十の位	一の位
1	3

十の位の　2は、10が

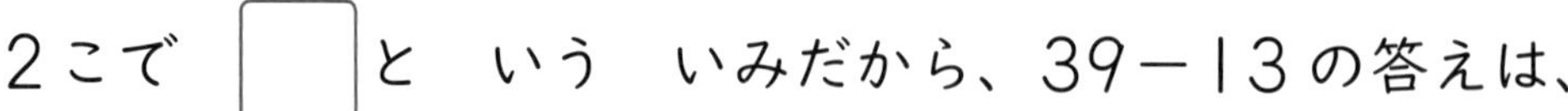

2こで　□　と　いう　いみだから、39－13の答えは、

20と　□　を　あわせて　□　。

教科書 上34～37ページ

きほんのドリル 9

合かく 80点　／100

月　日

3　ひき算
2けた−2けたの　計算 ……(2)

[ひき算も　たし算と　同じように　筆算で　する　ことが　できます。]

1 34−12の　筆算の　しかたを　考えます。 教 上38ページ2

10点(1つ5)

① 位を　たてに　そろえて　書く。

② 一の位の　計算を　する。

4−2＝2

③ 十の位の　計算を　する。

3−1＝□

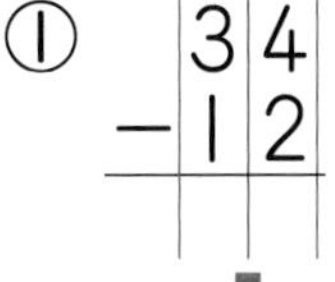

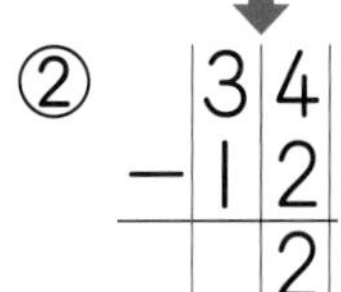

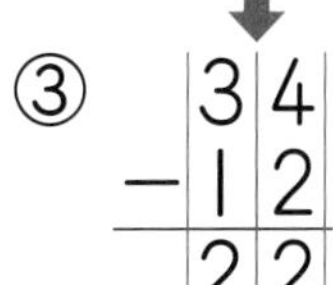

たし算の　ときと
同じように、
一の位から
計算するんだよ。

2 計算を　しましょう。 教 上39ページ②、③

45点(1つ15)

①

	2	5
−	1	3

②

	3	9
−	1	5

③

	6	8
−		5

3 筆算で　しましょう。 教 上39ページ②、③

45点(1つ15)

① 56−23

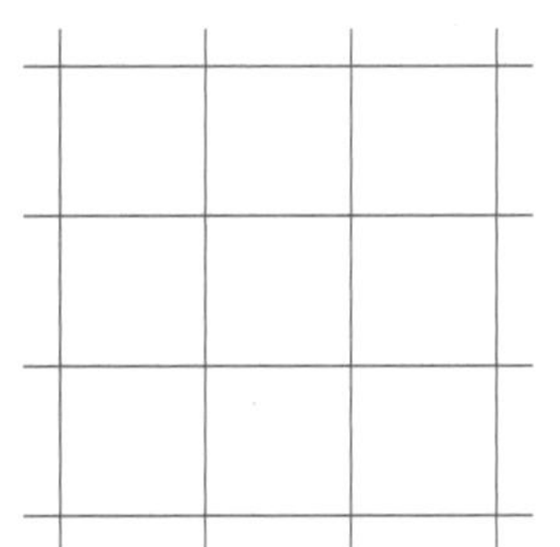

② 82−40

③ 98−4

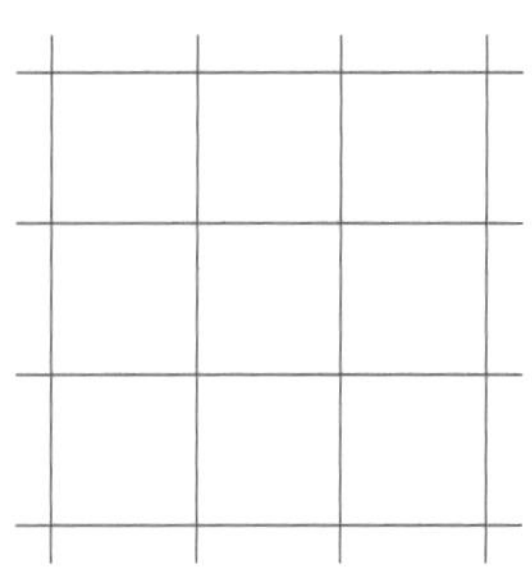

きほんのドリル 10。

合かく 80点 /100

月　日

3　ひき算
2けたー2けたの　計算 ……(3)

[一の位の　計算で　ひけない　ときは、十の位から　くり下げます。]

1 32－15の　筆算の　しかたを　考えます。 教 上39～41ページ3

40点(1つ10)

① 位を　たてに　そろえて　書く。

② 2から　5は　ひけないので、

十の位から　[1]　くり下げる。

12－5＝□

③ 十の位は、1　くり下げたから　[2]

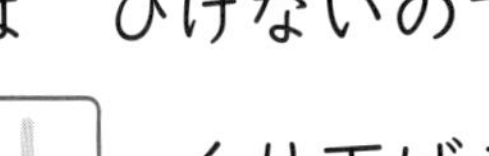

2－1＝□

①
	3	2
－	1	5

②
	2 ~~3~~	2
－	1	5
		7

③
	2 ~~3~~	2
－	1	5
	1	7

2 計算を　しましょう。 教 上43ページ④、⑤

30点(1つ10)

①
	3	1
－	1	8

②
	4	3
－	1	9

③
	6	1
－	2	4

ミスにちゅうい！

3 筆算で　しましょう。 教 上43ページ④、⑤

30点(1つ10)

① 35－16　② 52－36　③ 86－29

15分

合かく 80点 ／100

月　日

3　ひき算
2けた－2けたの　計算　……(4)

[位ごとの　数字が　ずれないように　書きます。]

1 計算を　しましょう。 教 上44ページ4、5　40点(1つ10)

① 43－37

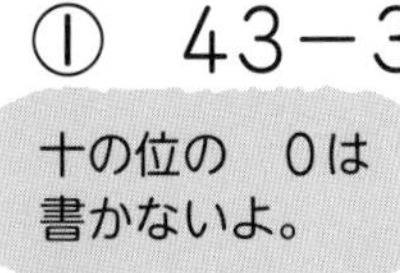

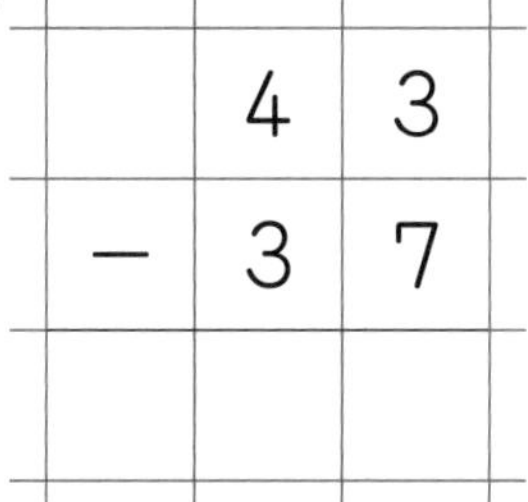

② 85－78

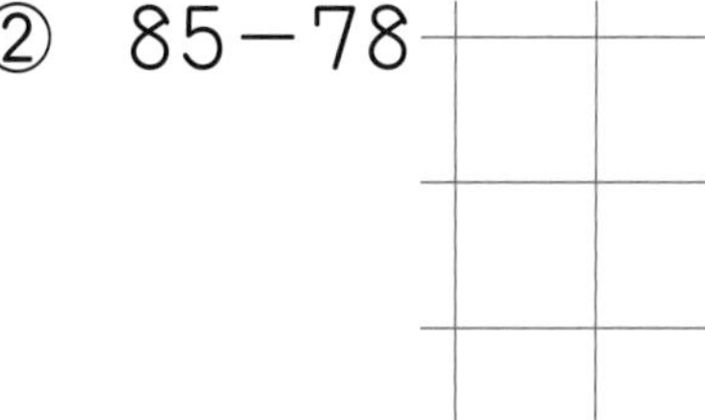

③ 30－4

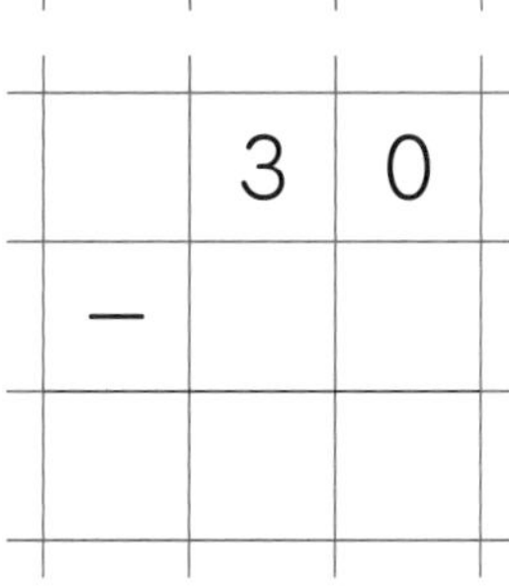

④ 52－6

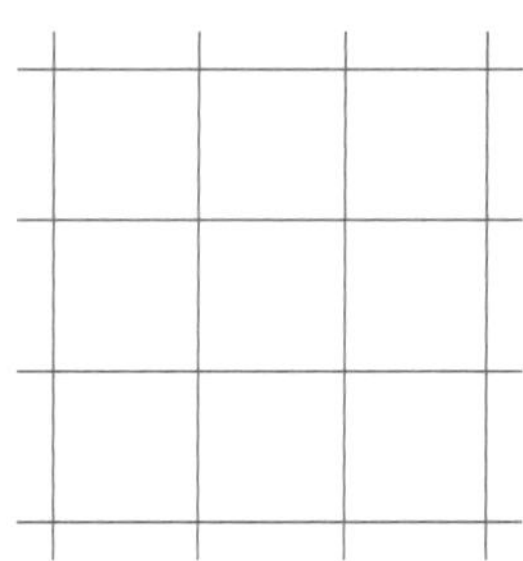

2 計算を　しましょう。 教 上44ページ6、7、8　30点(1つ10)

① 53 －49

② 60 －51

③ 70 － 8

⚠ミスにちゅうい!

3 筆算で　しましょう。 教 上44ページ6、7、8　30点(1つ10)

① 96－87　② 40－5　③ 23－9

位ごとの
数字が
ずれないように
書くんだね。

時間15分 合かく80点 ／100

月　日

3 ひき算
計算の　たしかめ

［ひき算の　答えに　ひく数を　たすと、
ひかれる数に　なります。

ひかれる数　ひく数　答え
21　－　5　＝16
16　＋　5　＝21］

1 切手が　21まい　あります。5まい　つかうと、のこりは　何まいに　なるでしょうか。□に　あてはまる　数を　書きましょう。

教 上45ページ6　40点(1つ10)

式　21－5＝□16　　　答え □まい

答えの　16に　5を　たすと、

16＋5＝□

□は、上の　式の　ひかれる数に　なります。

答えの　たしかめに
つかえるね。

2 計算を　しましょう。また、答えの　たしかめを　しましょう。

教 上45ページ10　60点(1つ5)

① 37－5
答え（　　　）
たしかめ
（　　　）

② 54－12
答え（　　　）
たしかめ
（　　　）

③ 47－29
答え（　　　）
たしかめ
（　　　）

④ 71－35
答え（　　　）
たしかめ
（　　　）

⑤ 60－51
答え（　　　）
たしかめ
（　　　）

⑥ 90－8
答え（　　　）
たしかめ
（　　　）

教科書 上45ページ

まとめのドリル 13

3 ひき算

15分　合かく 80点　／100

月　日

1 計算(けいさん)を　しましょう。　60点(1つ10)

① $\begin{array}{r} 63 \\ -21 \\ \hline \end{array}$　② $\begin{array}{r} 38 \\ -\ \ 6 \\ \hline \end{array}$　③ $\begin{array}{r} 43 \\ -16 \\ \hline \end{array}$

④ $\begin{array}{r} 81 \\ -35 \\ \hline \end{array}$　⑤ $\begin{array}{r} 90 \\ -83 \\ \hline \end{array}$　⑥ $\begin{array}{r} 54 \\ -\ \ 7 \\ \hline \end{array}$

2 □に　あてはまる　数(かず)を　書(か)きましょう。　10点(1つ5)

36－19＝17の　答(こた)えの　たしかめを　します。

17＋□＝□だから、答えは　あって　います。

3 まちがいを　見つけて、正しく　計算しましょう。　10点(1つ5)

① $\begin{array}{r} 60 \\ -14 \\ \hline 56 \end{array}$　正しい 計算 $\begin{array}{r} 60 \\ -14 \\ \hline \end{array}$

② $\begin{array}{r} 72 \\ -58 \\ \hline 26 \end{array}$

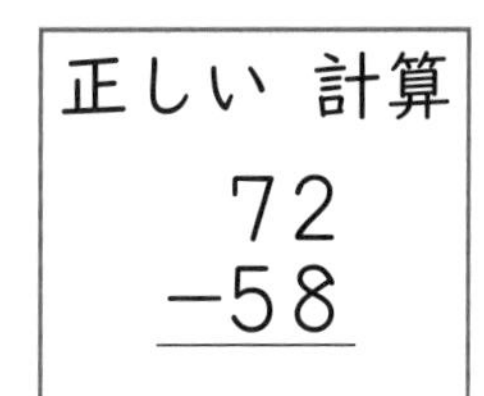

4 □に　あてはまる　数を　書きましょう。　20点(1つ5)

① $\begin{array}{r} 4\ \ 8 \\ -\ 3\ \square \\ \hline \square\ \ 6 \end{array}$　② $\begin{array}{r} 7\ \square \\ -\ \square\ \ 5 \\ \hline 1\ \ 7 \end{array}$

教科書 上34～45ページ

合かく 80点 ／100

月　日

4　長さ

長さの　あらわし方

［めもりテープの　１めもりの　長さ（なが）を　１センチメートルと　いい、１cm と　書（か）きます。］

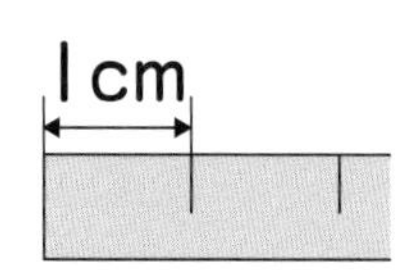

1cm

1 □に　あてはまる　数（かず）を　書きましょう。　教 上50ページ1

40点(1つ10)

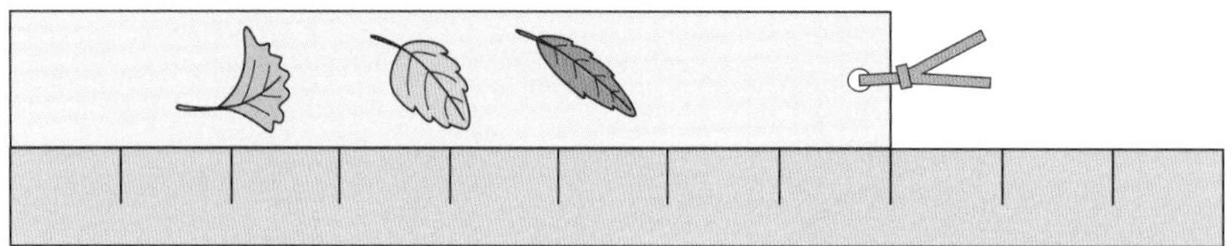

しおりの　長さは、めもりテープの　めもりで　□8　こ分（ぶん）です。

１めもりが　□1　cm だから、１cm の　□　こ分で　□　cm です。

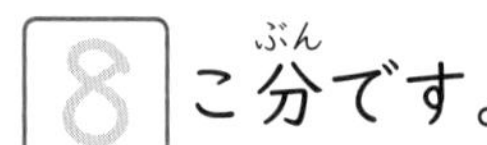

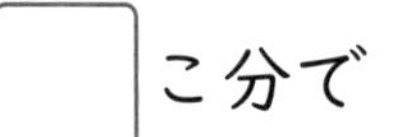

2 □に　あてはまる　数を　書きましょう。　教 上51ページ　20点(1つ10)

① 1cm の　13 こ分の　長さは　□　cm です。

② 1cm の　20 こ分の　長さは　□　cm です。

3 １めもりの　長さは　１cm です。長さを　はかりましょう。

教 上52ページ1　40点(1つ20)

①

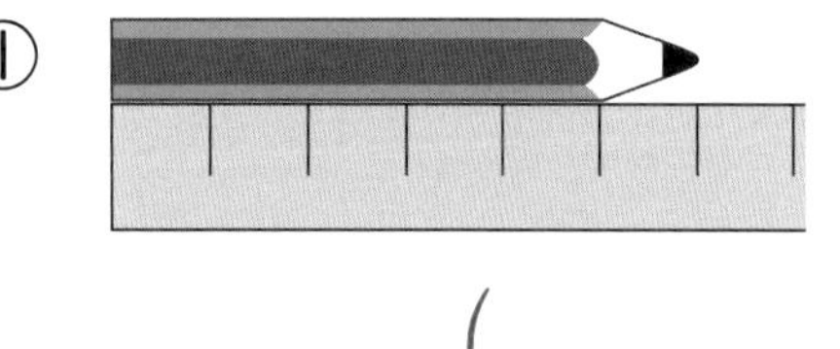

（　　　　　）

②

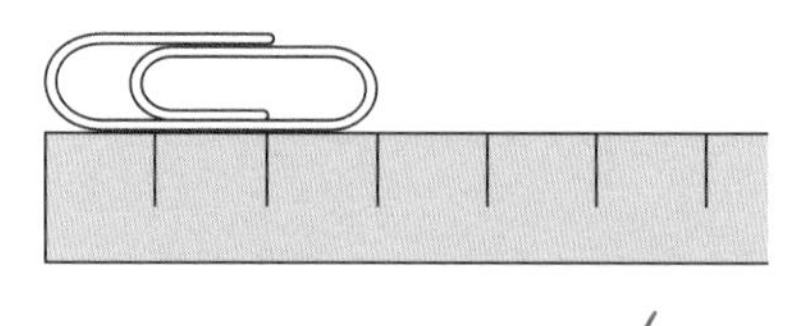

（　　　　　）

きほんのドリル 15。

4 長さ
1cmより みじかい 長さ ……(1)

［1cmを 同じ 長さに 10に 分けた 1こ分の 長さを 1ミリメートルと いい、1mmと 書きます。1cm＝10mm］

1 □に あてはまる 長さの たんいを 書きましょう。

教 上54ページ2　10点(1つ5)

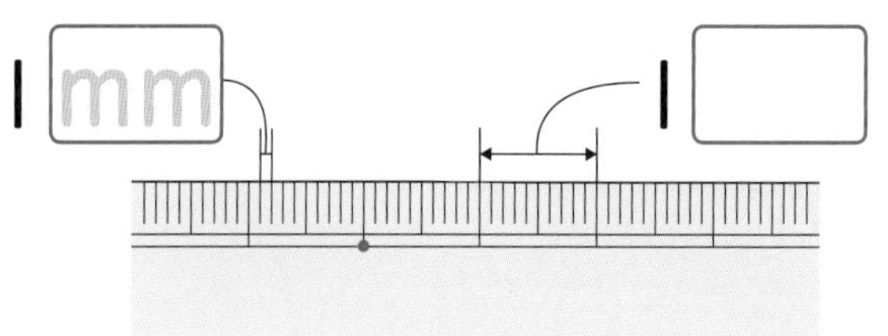

cmや mmは 長さの たんいなんだね。

2 長さは 何cm何mmでしょうか。また、何mmでしょうか。

教 上55ページ3　40点(1つ10)

① 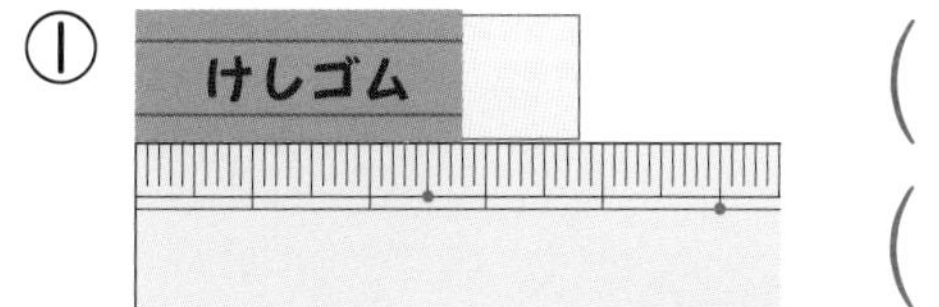

(　　cm　　mm)

(　　　　mm)

たとえば 2cm3mmは 20mmと 3mmで 23mmですね。

② 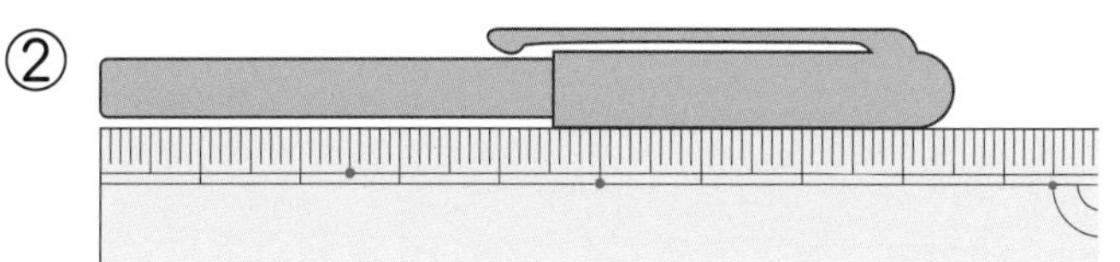

(　　cm　　mm)

(　　　　mm)

3 □に あてはまる 数を 書きましょう。　教 上55ページ4　40点(1つ8)

① 1cm＝□mm　② 20mm＝□cm

③ 5cm3mm＝□mm　④ 49mm＝□cm□mm

4 長いほうに ○を つけましょう。　教 上55ページ5　10点(1つ5)

① (7cm、49mm)　② (12mm、1cm)

時間 15分　合かく 80点　/100

月　日

サクッと こたえ あわせ

答え 84ページ

4　長さ

1cmより　みじかい　長さ　……(2)

[まっすぐな　線(せん)を　直線(ちょくせん)と　いいます。]

1 直線の　長(なが)さは　何(なん)cm何mmでしょうか。　教 上56ページ3　40点(1つ20)

①

(　　　　)

②

(　　　　)

2 下の　直線の　長さを、ものさしで　はかりましょう。

教 上56ページ3　30点(1つ10)

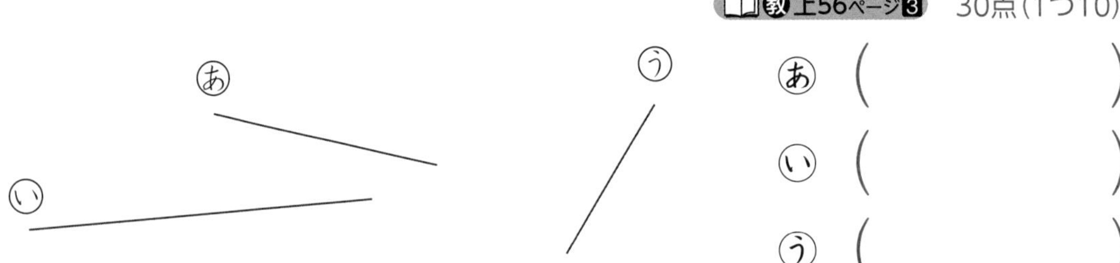

Ⓐ(　　　　)

Ⓘ(　　　　)

Ⓤ(　　　　)

3 つぎの　長さの　直線を　かきましょう。　教 上56ページ6、7　30点(1つ10)

①　6cm

②　5cm3mm

③　69mm

合かく 80点　　/100

月　　日

4　長さ
長さの　計算

[長さも　たし算や　ひき算で　計算する　ことが　できます。]

1 下の　もんだいに　答えましょう。 教 上57ページ4　　60点(1つ10)

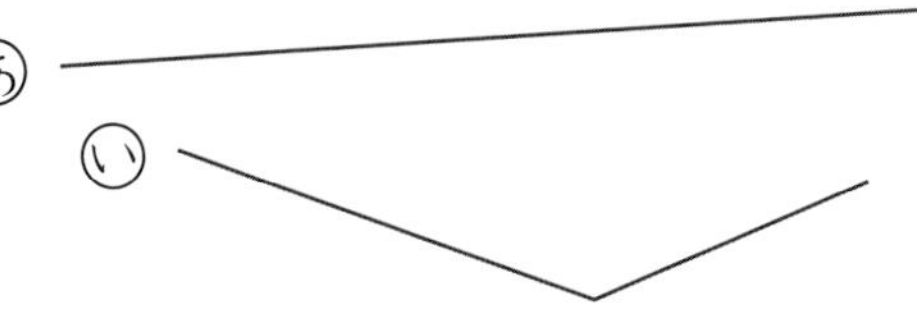

① あの　線の　長さを　はかりましょう。

(　　　　)

② いの　線の　長さは　何cmでしょうか。

式　3cm＋[2]cm＝[　]cm　　　　答え [　]cm

③ あと　いの　線では、どちらが　どれだけ　長いでしょうか。

式 (　　　　　　　　)

答え (　　が　　　　長い)

⚠ミスにちゅうい！

2 計算を　しましょう。 教 上57ページ8　　40点(1つ10)

① 3cm＋4cm　　② 8cm－2cm

③ 2cm5mm＋3cm　　④ 7cm6mm－6cm

教科書 上57ページ

合かく 80点　　／100

月　日

5　100より　大きい　数
数の　あらわし方　……(1)

[10の　まとまりが　10こ　あつまると、100の　まとまりに　なります。]

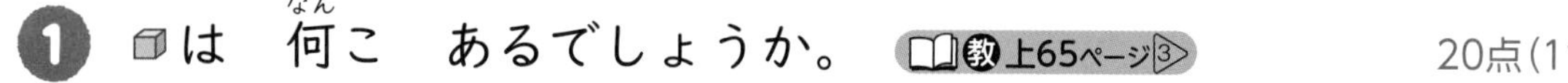

1 ▢は　何こ　あるでしょうか。 教 上65ページ③　20点(1つ10)

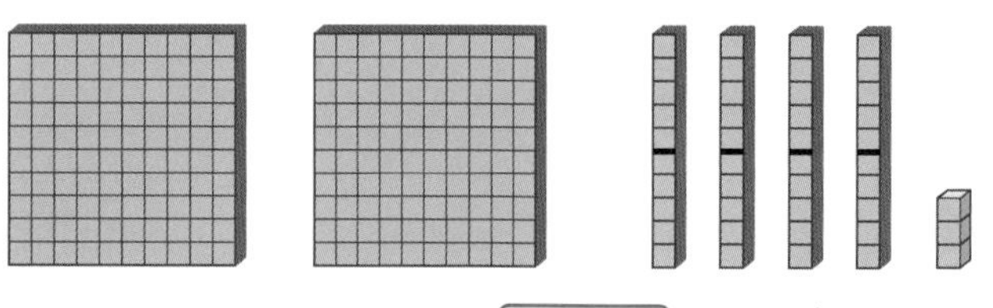

百の位	十の位	一の位
2	4	3

100が　2こで　200　(二百)

200と　43で　243　(二百四十三)

2 何まい　あるでしょうか。数字で　書きましょう。 教 上65ページ①　20点

(　　　　　)

3 713の　百の位の　数字を　書きましょう。 教 上65ページ①　10点

(　　　　　)

4 つぎの　数を　数字で　書きましょう。 教 上65ページ②　40点(1つ20)

① 五百三十七　(　　　　　)

② 九百四十六　(　　　　　)

5 100を　6こと、10を　1こと、1を　7こ　あわせた　数を　書きましょう。 教 上65ページ③　10点

(　　　　　)

合かく 80点　/100

月　日

5　100より　大きい　数

数の　あらわし方 ……(2)

[数の　大小は、>、<の　しるしを　つかって　あらわします。]

1 　は　何こ　あるでしょうか。　教 上66ページ2　20点(1つ10)

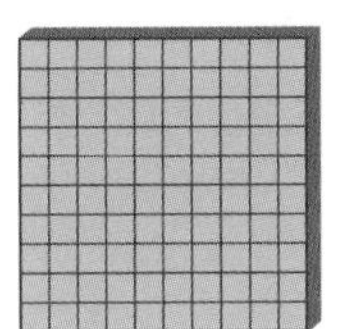
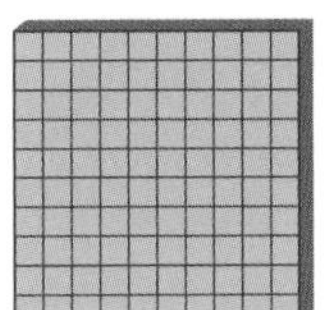
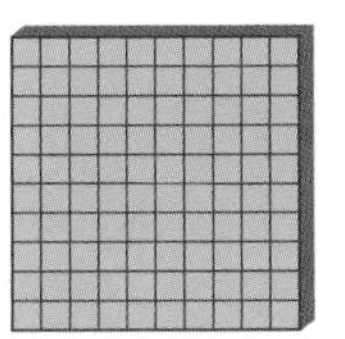
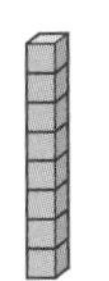

百の位	十の位	一の位
3	0	8

100が　3こで　(三百)

300と　8で　308(三百八)

2 つぎの　数を　数字で　書きましょう。　教 上66ページ⑤　20点(1つ10)

① 五百六　(　　　)　② 七百十　(　　　)

ミスにちゅうい！

3 つぎの　数を　書きましょう。　教 上66ページ⑥　20点(1つ10)

① 100を　7こと、1を　2こ　あわせた　数　(　　　)

② 100を　8こと、10を　5こ　あわせた　数　(　　　)

4 □に　あてはまる　>か　<の　しるしを　書きましょう。

教 上67ページ⑦　40点(1つ10)

① 352 □ 269　② 723 □ 732

③ 840 □ 903　④ 108 □ 99

教科書 上66～67ページ

時間 15分　合かく 80点　/100

月　日

サクッとこたえあわせ　答え 85ページ

5　100より　大きい　数

数の　あらわし方 ……(3)

[大きい　１めもりが　いくつを、小さい　１めもりが　いくつを　あらわして　いるかを　考(かんが)えます。]

1 数(かず)の　線(せん)を　見て　答(こた)えましょう。　教 上68ページ4　50点(1つ10)

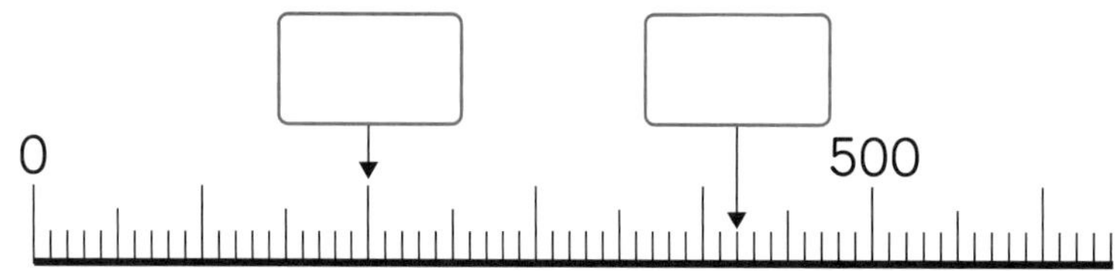

① いちばん　小さい　１めもりは、いくつを　あらわして　いるでしょうか。
(　　　　)

② 上の　□に　あてはまる　数を　書(か)きましょう。

③ 300より　80　大きい　数は　いくつでしょうか。
(　　　　)

④ 550より　200　小さい　数は　いくつでしょうか。
(　　　　)

2 □に　あてはまる　数を　書きましょう。　教 上69ページ9　50点(1つ5)

①

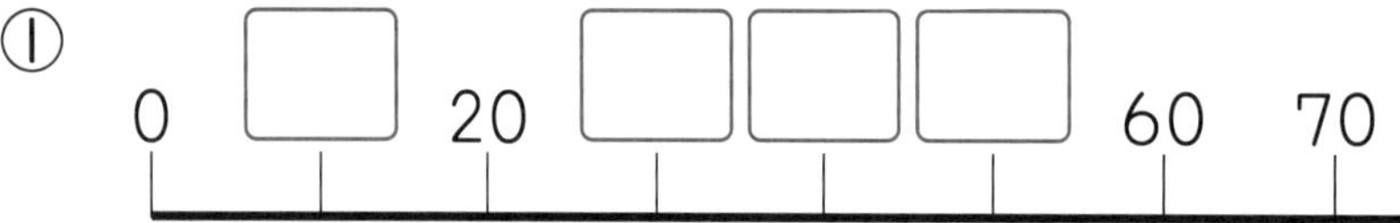

②

214　215　□　□　□　219　□　221

③

535　540　□　□

きほんのドリル 21。

合かく 80点 /100

月　日

5　100より　大きい　数
10が　いくつ

［10を　10こ　あつめた　数（かず）は　100です。
　100は　10を　10こ　あつめた　数です。］

1 □に　あてはまる　数を　書（か）きましょう。　教 上70ページ5、71ページ10

50点(1つ10)

① 10を　18こ　あつめた　数は　[180]です。

② 10を　23こ　あつめた　数は　[　]です。

③ 10を　51こ　あつめた　数は　[　]です。

④ 10を　60こ　あつめた　数は　[600]です。

⑤ 10を　80こ　あつめた　数は　[　]です。

10が　20こで
200ですね。

2 □に　あてはまる　数を　書きましょう。　教 上70ページ6、71ページ11

50点(1つ10)

① 190は　10を　[19]こ　あつめた　数です。

② 340は　10を　[　]こ　あつめた　数です。

③ 670は　10を　[　]こ　あつめた　数です。

④ 700は　10を　[70]こ　あつめた　数です。

⑤ 900は　10を　[　]こ　あつめた　数です。

300は　10を　30こ
あつめた　数だね。

きほんのドリル 22。

時間15分 合かく80点 /100

月　日

サクッとこたえあわせ

答え 86ページ

5　100より　大きい　数
千

[100を　10こ　あつめた　数を　千と　いい、1000と　書きます。]

1 □に　あてはまる　数を　書きましょう。　教 上71～72ページ

20点(1つ10)

① 100を　10こ　あつめた　数は　□です。

② 1000より　100　小さい　数は　□です。

2 468に　ついて、□に　あてはまる　数を　書きましょう。

教 上73ページ8　60点(1つ10)

① 100を　□こと、10を　□こと、1を　□こ　あわせた　数

② 百の位の　数字が　□で、十の位の　数字が　□で、一の位の　数字が　□の　数

3 数の　線を　見て　答えましょう。　教 上73ページ8　20点(1つ10)

970　980　990　1000

① 999より　1　大きい　数は　いくつでしょうか。

(　　　　)

② 990より　10　大きい　数は　いくつでしょうか。

(　　　　)

教科書 上71～73ページ

15分 合かく 80点 /100

月　日

5 100より 大きい 数

何十、何百の 計算 ……(1)

[10の まとまりが 何こに なるか 考えます。]

1 50+80の 計算の しかたを 考えます。 教 上74ページ9

20点(1つ5)

50は 10が  こ

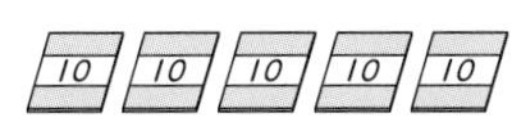

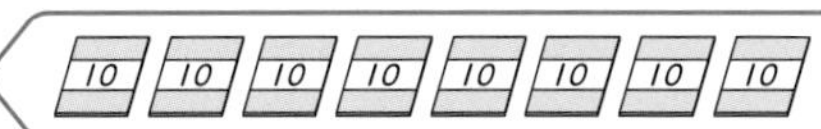

80は 10が  こ

10の まとまりが、5+8=□ だから、

50+80=□

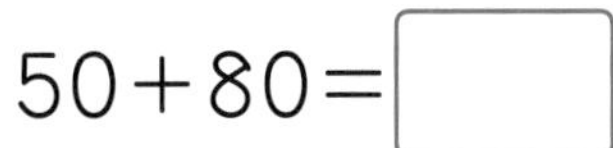

2 130−40の 計算の しかたを 考えます。 教 上74ページ10

20点(1つ5)

130は 10が  こ

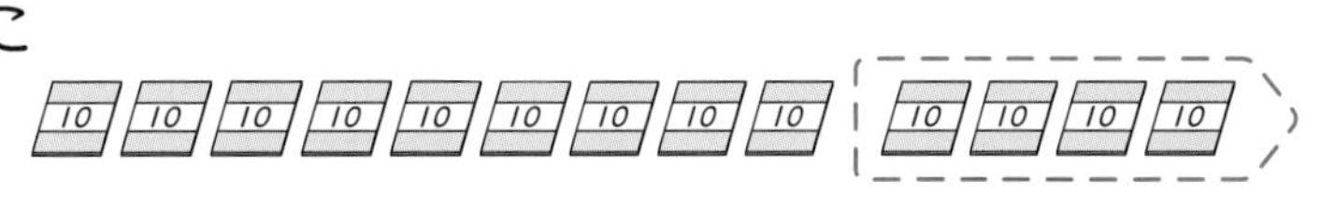

40は 10が □ こ

10の まとまりが、13−4=□ だから、

130−40=□

3 計算を しましょう。 教 上74ページ13、14

60点(1つ10)

① 50+60　② 40+70　③ 90+50

④ 120−40　⑤ 150−90　⑥ 170−80

教科書 上74ページ

合かく 80点 /100

月 日

5 100より 大きい 数
何十、何百の 計算 ……(2)

[100の まとまりが 何(なん)こに なるか 考(かんが)えます。
100の まとまりが 何こ、10の まとまりが 何こに なるか 考えます。]

1 500＋300の 計算(けいさん)の しかたを 考えます。 教 上75ページ11

25点(1つ5)

[100]の まとまりが、[5]＋[　]＝[　]だから、

500＋300＝[　]

2 370－20の 計算の しかたを 考えます。 教 上75ページ12

35点(1つ5)

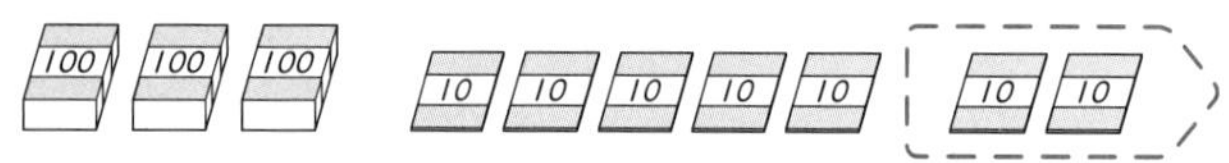

370は、100を[　]こと、10を[　]こ あわせた 数です。

[10]の まとまりを[　]こ とると、のこりは

100が[　]こと、10が[　]こに なります。

370－20＝[　]

3 計算を しましょう。 教 上75ページ15、16、17

40点(1つ5)

① 200＋400

ミスにちゅうい！
② 700＋300

③ 900－500

ミスにちゅうい！
④ 1000－200

⑤ 400＋60

⑥ 820＋30

ミスにちゅうい！
⑦ 840－40

ミスにちゅうい！
⑧ 790－70

教科書 上75ページ

合かく 80点 ／100

月　日

6　たし算と　ひき算
百の位に　くり上がる　たし算　……(1)

[十の位の　計算が　10より　大きく　なると、百の位へ　くり上げます。]

1 51＋73の　筆算の　しかたを　考えます。　教 上84ページ　20点(1つ5)

① 位を　たてに　そろえて　書く。

② 1＋3＝4　一の位に □ を　書く。

③ 5＋7＝12　十の位に [2] を　書く。

百の位に [1] くり上げる。

百の位に　1を　書く。

51＋73＝□

答えが　3けたに なります。

①
$$\begin{array}{r} 51 \\ +73 \\ \hline \end{array}$$

②
$$\begin{array}{r} 51 \\ +73 \\ \hline 4 \end{array}$$
1＋3＝4

③
$$\begin{array}{r} 51 \\ +73 \\ \hline 124 \end{array}$$
5＋7＝12

2 計算を　しましょう。　教 上85ページ◇1、◇2　80点(1つ10)

① $\begin{array}{r} 43 \\ +72 \\ \hline \end{array}$　② $\begin{array}{r} 75 \\ +81 \\ \hline \end{array}$　③ $\begin{array}{r} 44 \\ +94 \\ \hline \end{array}$

④ $\begin{array}{r} 70 \\ +51 \\ \hline \end{array}$　⑤ $\begin{array}{r} 36 \\ +72 \\ \hline \end{array}$　⑥ $\begin{array}{r} 67 \\ +40 \\ \hline \end{array}$

⑦ 62＋70　⑧ 94＋85

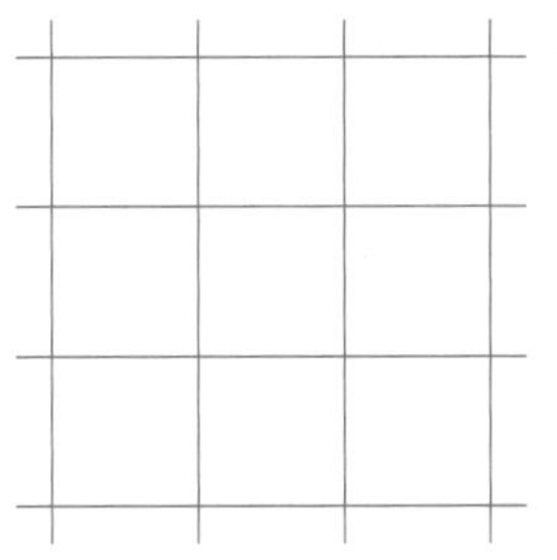

⑦⑧も 筆算でね。

合かく 80点 /100

6 たし算と ひき算

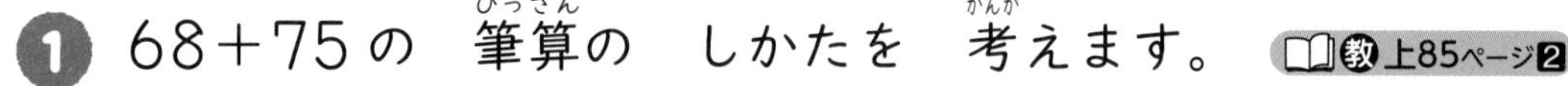

[くり上がりが 2回(かい) あります。]

1 68＋75の 筆算(ひっさん)の しかたを 考(かんが)えます。 教 上85ページ2

20点(1つ5)

① 8＋5＝13 一の位(くらい)に [3] を 書(か)いて、十の位へ 1 くり上げる。

② 1＋6＋7＝14 十の位に [ ] を 書いて、百の位へ 1 くり上げる。

百の位に [ ] を 書く。

68＋75＝[ ]

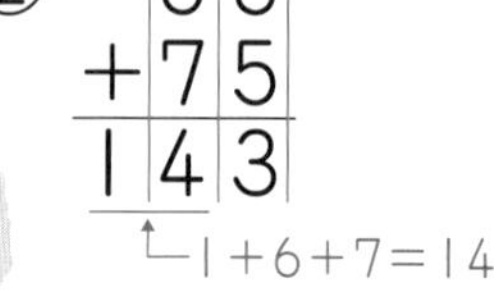

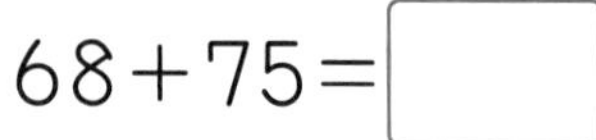

2 計算(けいさん)を しましょう。 教 上85ページ③、④

80点(1つ10)

① 46＋98

② 79＋83

③ 45＋76

④ 87＋54

⑤ 93＋57

⑥ 36＋84

⑦ 76＋57

⑧ 99＋85

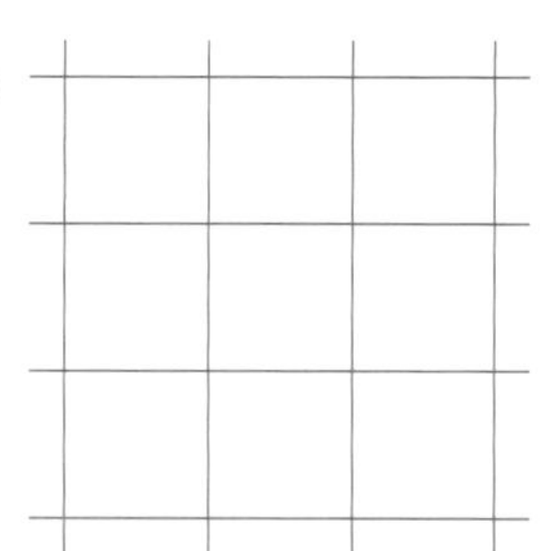

教科書 上85ページ

合かく 80点 ／100

月　日

6　たし算と　ひき算

百の位に　くり上がる　たし算　……(3)

サクッと こたえ あわせ

答え 87ページ

[筆算(ひっさん)は　位(くらい)を　そろえて　書(か)きます。]

1 計算(けいさん)を　しましょう。 教 上86ページ3、4　40点(1つ10)

① 57＋46

	5	7
＋	4	6
1	0	3

十の位は
0に
なるね。

② 94＋8

	9	4
＋		8
1	0	2

③ 328＋7

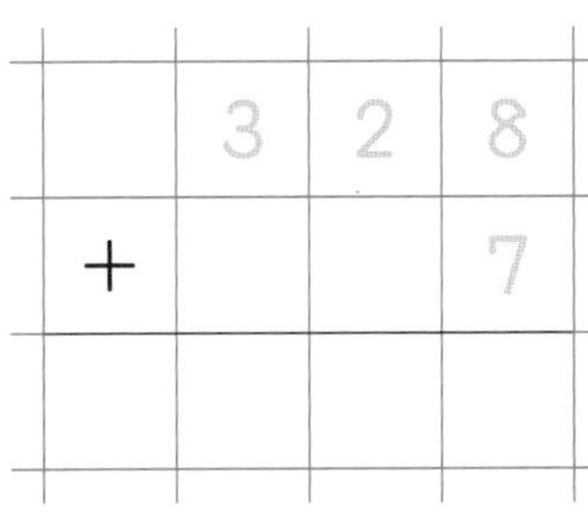

位を　そろえて
書けましたか。

④ 615＋49

2 計算を　しましょう。 教 上86ページ5、6、7、8　60点(1つ10)

①
```
  23
+78
```

②
```
  96
+  7
```

③
```
 464
+   9
```

⚠ミスにちゅうい！

④ 13＋88　⑤ 6＋94　⑥ 847＋23

教科書 上86ページ

合かく 80点 /100

月　日

6　たし算と　ひき算
百の位から　くり下がる　ひき算　……(1)

[十の位の　計算で　ひけない　ときは　百の位から　くり下げます。]

1 138－52の　筆算の　しかたを　考えます。 教 上87～88ページ5

20点(1つ5)

① 位を　たてに　そろえて　書く。

② 8－2＝6　一の位に [6] を　書く。

③ 百の位から [1] くり下げる。

13－5＝8　十の位に [　] を　書く。

138－52＝[　]

①
```
  138
－ 52
```

②
```
  138
－ 52
    6
```
8－2＝6

③
```
  138
－ 52
   86
```
13－5＝8

2 計算を　しましょう。 教 上88ページ9、10

80点(1つ10)

① 126－41　② 117－96　③ 154－60

④ 139－65　⑤ 166－82　⑥ 148－92

⑦ 118－33　⑧ 156－83

⑦⑧も筆算でね。

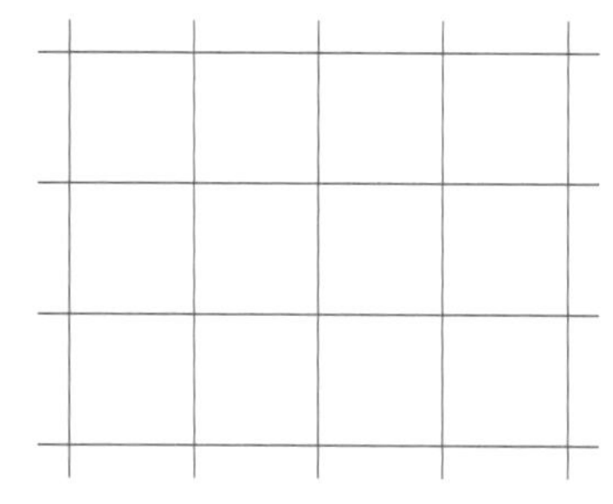

きほんのドリル 29。

合かく 80点　　／100

月　日

6　たし算と　ひき算
百の位から　くり下がる　ひき算　……(2)

[くり下がりが　2回（かい）　あります。]

1 173−84の　筆算（ひっさん）の　しかたを　考（かんが）えます。 教 上89ページ6　40点(1つ10)

① 3から　4は　ひけないので、十の位（くらい）から　1　くり下げる。

13−4=［9］

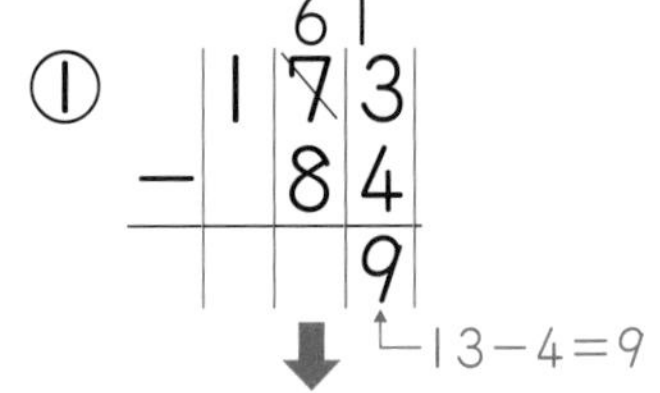

② 十の位は　1　くり下げたから　［6］

百の位から　1　くり下げる。

16−8=［　］

173−84=［　］

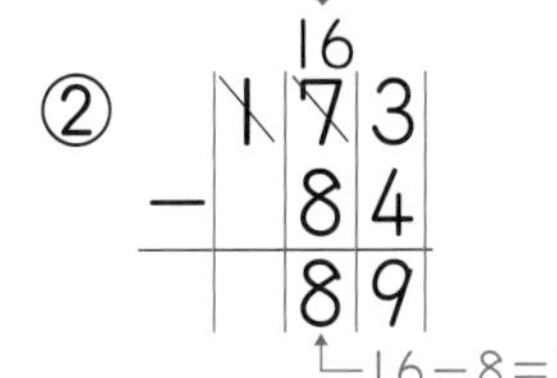

くり下げた　ことが
わかるように
書（か）いて　おきましょう。

2 計算（けいさん）を　しましょう。 教 上89ページ⑪、⑫　60点(1つ10)

① 123 − 58　② 135 − 76　③ 151 − 93　④ 146 − 79

⑤ 124−85　⑥ 157−79

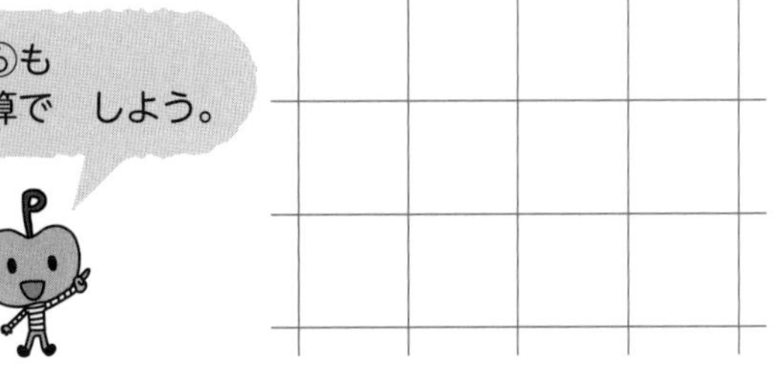

時間15分　合かく80点　/100

月　日

答え 87ページ

6　たし算と　ひき算
百の位から　くり下がる　ひき算　……(3)

［ひかれる数の　十の位の　数字が　0の　筆算を　します。］

1 103−46の　筆算の　しかたを　考えます。 教 上89〜90ページ7

40点(1つ10)

① 百の位から　じゅんに　くり下げる。

13−6=［7］

② 十の位は　1　くり下げたので［　］

9−4=［　］

103−46=［　］

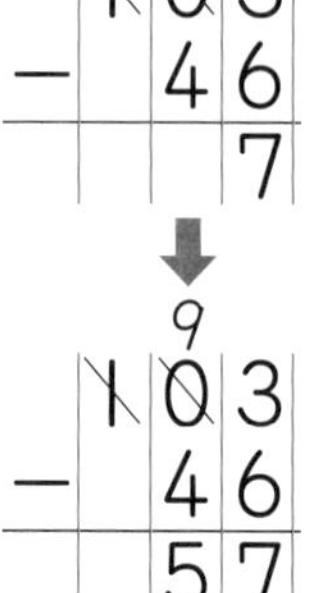

2 計算を　しましょう。 教 上90ページ⑬、⑭

60点(1つ10)

① 102−58　② 104−27　③ 105−86　④ 106−39

⑤ 107−68　⑥ 101−73

教科書 上89〜90ページ

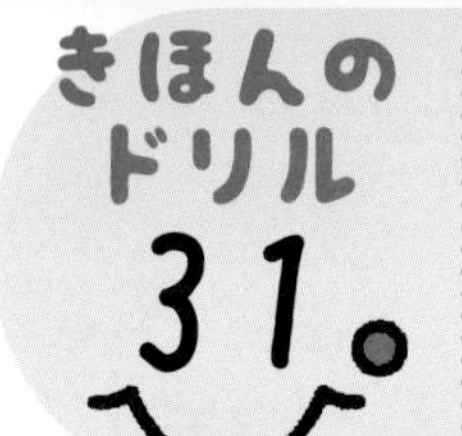

時間 15分　合かく 80点　/100

月　日

サクッと こたえあわせ　答え 87ページ

6　たし算と　ひき算
百の位から　くり下がる　ひき算　……(4)

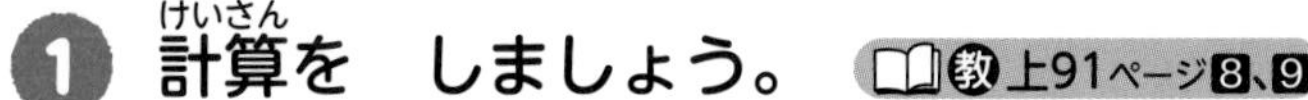

[筆算(ひっさん)は　位(くらい)を　そろえて　書(か)きます。]

1 計算(けいさん)を　しましょう。　教 上91ページ 8、9　　40点(1つ10)

① 103−95

	1	0	3
−		9	5
			8

② 102−8

	1	0	2
−			8
		9	4

③ 435−7

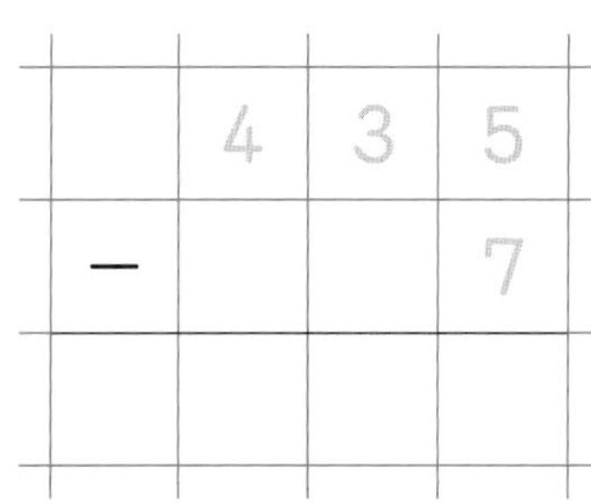

④ 681−49

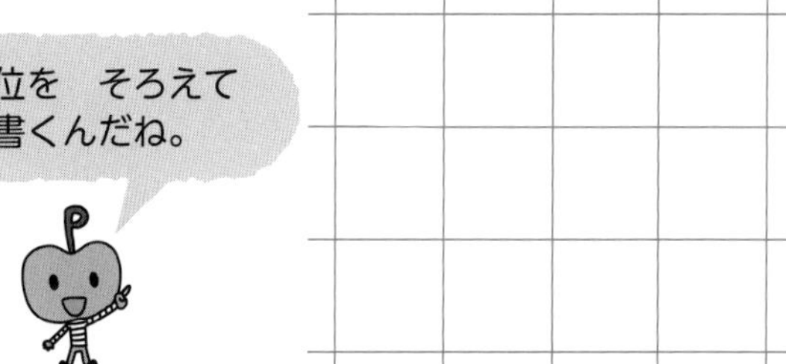

ミスにちゅうい！

2 計算を　しましょう。　教 上91ページ 18、19　　60点(1つ10)

① 104 − 97　　② 100 − 8　　③ 874 − 26

④ 103−4　　⑤ 361−3　　⑥ 580−52

合かく 80点　　/100

月　日

サクッと こたえ あわせ

6　たし算と　ひき算
3つの　数の　たし算

[どれと　どれを　先に　たすと　計算しやすいか　考えます。]

1 19＋7＋3の　計算の　しかたを　考えます。□に　あてはまる数を　書きましょう。 教 上92ページ10　　10点(1つ5)

やすこ

じゅんに　たして、

19＋7＝26、26＋3＝□

かずや

後の　2つを　まとめて、

7＋3＝10、19＋10＝□

たし算では、前から じゅんに　たしても、後の　2つを　先に たしても、答えは 同じに　なります。

かずやさんのように、まとめて　たす　ときは、
(　)を　つかって　式を　書きます。
19＋(7＋3)
(　)の　中は、先に　計算します。

2 計算を　して、答えを　くらべましょう。同じ　ときは、(　)に ○を　書きましょう。 教 上92ページ10　　30点(1つ10)

㋐ 16＋18＋32＝□　　㋑ 16＋(18＋32)＝□　　(　　　)

3 くふうして　計算しましょう。 教 上93ページ21　　60点(1つ15)

① 27＋5＋5
　　　10

② 43＋24＋6

③ 25＋36＋15

④ 17＋55＋13

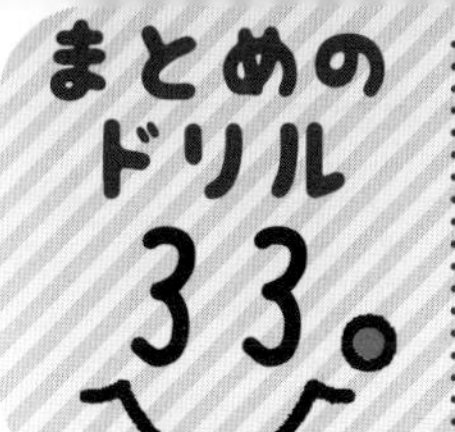

時間15分　合かく80点　／100

月　日

6　たし算と　ひき算　……(1)

1 計算を　しましょう。　40点(1つ5)

① 32＋95　② 76＋85　③ 99＋8

④ 617＋69　⑤ 128－52　⑥ 133－65

⑦ 102－97　⑧ 298－49

2 ひろしさんは、58円の　あめを　買うのに　100円玉を　出しました。おつりは　何円でしょうか。　30点(式15・答え15)

式（　　　　　　　）

答え（　　　　）

3 答えが　つぎの　計算の　さいしょの　数に　なるように　しましょう。　30点(1つ10)

57＋49 → □－38 → □＋87 → □－

時間 15分 合かく 80点 /100

月　日

サクッと こたえあわせ 答え 88ページ

6　たし算と　ひき算 ……(2)

1 計算を　しましょう。 45点(1つ5)

① 84＋92　② 63＋89　③ 48＋56

④ 463＋7　⑤ 142−81　⑥ 126−78

⑦ 104−7　⑧ 761−26　⑨ 760−37

2 たかこさんの　学校の　2年生は、女の子が　89人、男の子が　91人　います。2年生全体では、何人　いるでしょうか。 25点(式15・答え10)

式（　　　　）

答え（　　　　）

3 □に　あてはまる　数を　書きましょう。 30点(1つ15)

①
```
   4 6
 + 7 □
 ─────
 1 2 1
```

②
```
 1 □ 3
 −  5 7
 ──────
    6 6
```


教科書 上82〜93ページ

時間 15分　合かく 80点　／100

月　日

何人　いるかな

[図を　かいて　考えます。]

1 みさきさんは　前から　5番め、後ろからは　7番めに　います。

教 上96ページ 1

⚠ミスにちゅうい！

① みさきさんの　後ろに　何人　いるでしょうか。　20点

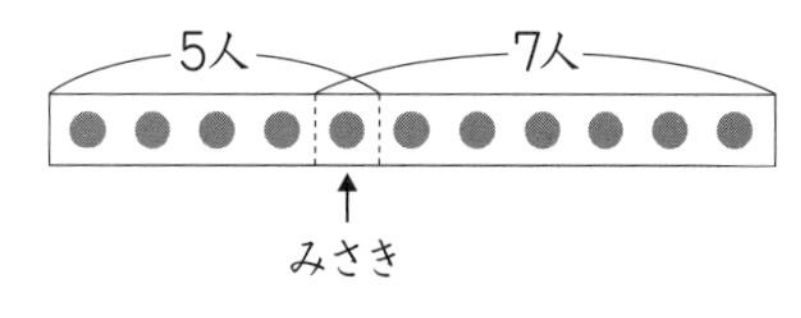

(　　　　)

② みんなで　何人　いるでしょうか。　20点(式10・答え10)

式 (　　　　　　　　　　)

答え (　　　　)

2 かずおさんの　前に　3人　います。　かずおさんの　後ろには　7人　います。 教 上96ページ 2

⚠ミスにちゅうい！

① かずおさんは　前から　何番め　でしょうか。　20点

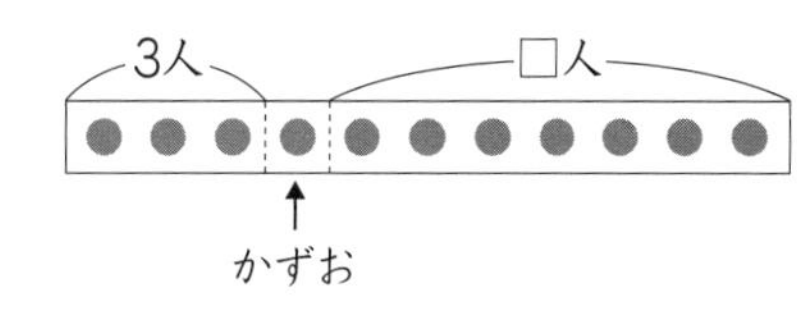

(　　　　)

② 図の　□に　あてはまる　数は　いくつでしょうか。　20点

(　　　　)

③ みんなで　何人　いるでしょうか。　20点(式10・答え10)

式 (　　　　　　　　　　)

答え (　　　　)

教科書 上96ページ

合かく 80点 ／100

月　日

7　時こくと　時間　……(1)

［長い　はりが　１めもり　すすむ　時間を　１分間と　いいます。
60分間を　１時間と　いいます。］

1 時計を　見て　答えましょう。 教 上98〜99ページ1　20点

家を　出てから　学校に　つくまでの　時間は　何分間でしょうか。

(　　　　　)

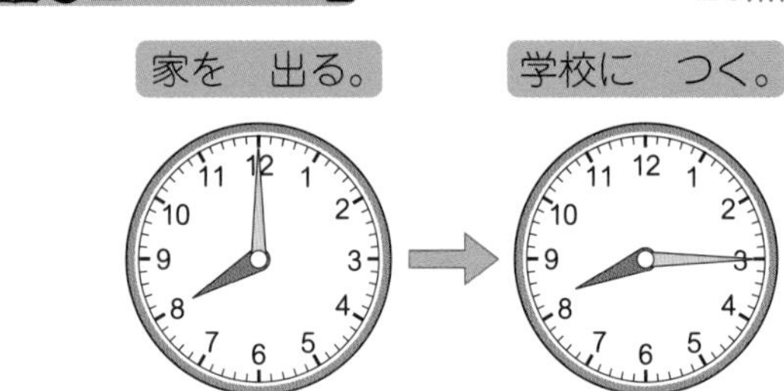

2 時計を　見て　答えましょう。 教 上98〜99ページ　60点(1つ20)

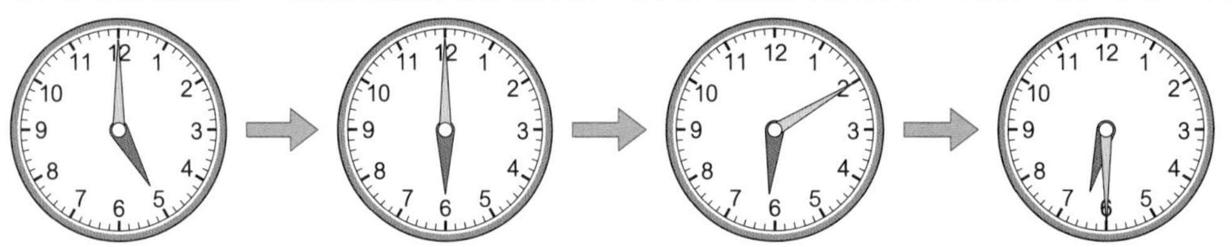

① テレビを　見て　いたのは　何分間でしょうか。　(　　　　　)

長い　はりが　ひとまわりする　時間は　60分間です。

⚠ミスにちゅうい！

② おふろに　はいって　いたのは　何分間でしょうか。　(　　　　　)

③ おふろから　出て、本を　20分間　読むと、本を　読むのを　やめた　時こくは　何時何分でしょうか。

(　　　　　)

3 □に　あてはまる　数を　書きましょう。 教 上99ページ2　20点(1つ10)

① １時間30分＝□分　　② 80分＝□時間□分

教科書 上97〜99ページ

15分 合かく 80点 ／100

月　日

7　時こくと　時間　……(2)

［昼の　12時を　正午と　いい、正午の　前を　午前、後を　午後と　いいます。］

1 つぎの　時こくを、午前、午後を　つけて　書きましょう。

教 上100ページ 1　30点（1つ10）

① 
朝ごはんを
食べた　時こく
（午前　）

② 
夕ごはんを
食べた　時こく
（午後　）

③ 
夜、ねた　時こく
（　）

ミスにちゅうい！

2 時間を　答えましょう。　教 上100ページ 2　40点（1つ20）

① たくやさんは、車に　のって、親せきの　家に　行きました。車に　のって　いた　時間は　何時間でしょうか。

（　）

② 車に　のってから、正午までの　時間は、何時間でしょうか。

（　）

3 □に　あてはまる　数を　書きましょう。　教 上100ページ 3

30点（1つ10）

① 1日＝□時間

② 午前は　□時間、午後は　□時間　あります。

合かく 80点　　/100

月　日

答え 89ページ

表と　グラフ／たし算

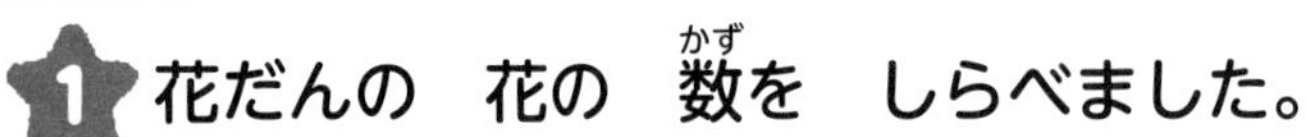

1 花だんの　花の　数(かず)を　しらべました。　50点(1つ10)

花の　数しらべ

花	スイセン	パンジー	チューリップ	ヒヤシンス
本数(すう)	4	6		3

花の　数しらべ

		○	
○		○	
○		○	
○		○	
○		○	
スイセン	パンジー	チューリップ	ヒヤシンス

① 表(ひょう)と　グラフの　あいて　いる　ところを　うめましょう。

② 数が　5本の　花は　どれでしょうか。

（　　　　　）

③ 数が　いちばん　少(すく)ない　花は　どれでしょうか。

（　　　　　）

2 計算(けいさん)を　しましょう。　30点(1つ5)

① 32＋14　　② 17＋65　　③ 9＋81

④ 47＋36　　⑤ 63＋19　　⑥ 53＋7

3 ゆみさんは、58円の　チョコレートと　32円の　ガムを　1つずつ　買(か)います。あわせて　何円(なん)に　なるでしょうか。

20点(式15・答え5)

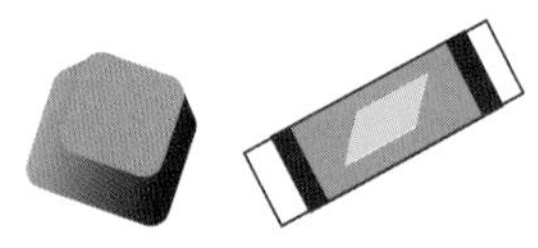

式(しき)（　　　　　）

答(こた)え（　　　　　）

夏休みのホームテスト 39

時間 15分　合かく 80点　　／100

月　日

サクッとこたえあわせ　答え 89ページ

ひき算／長さ／100より　大きい　数

1 いちごが　34こ　あります。15こ　食べると、のこりは　何こに　なるでしょうか。

25点(式15・答え10)

式（　　　　　　　　）

答え（　　　　　）

2 ㋐の　線の　長さは、㋑の　線の　長さより　何cm　長いでしょうか。

25点(式15・答え10)

㋐

㋑

式（　　　　　　　　）

答え（　　　　　）

3 つぎの　数を　書きましょう。

30点(1つ10)

① 100を　3こと、10を　6こと、1を　5こ　あわせた　数（　　　　）

② 10を　76こ　あつめた　数（　　　　）

③ 900より　10　小さい　数（　　　　）

4 □に　あてはまる　>か　<の　しるしを　書きましょう。

20点(1つ10)

① 698 □ 769　　② 98 □ 104

合かく 80点 /100

月　日

たし算と　ひき算／時こくと　時間

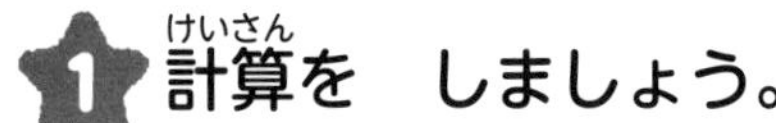

1 計算を　しましょう。　30点（1つ5）

① 98＋78　② 84＋16　③ 256＋35

④ 132－96　⑤ 104－49　⑥ 573－17

2 あきかんひろいを　しました。スチールかんを　95こ、アルミかんを　114こ　ひろいました。ちがいは　何こでしょうか。

20点（式10・答え10）

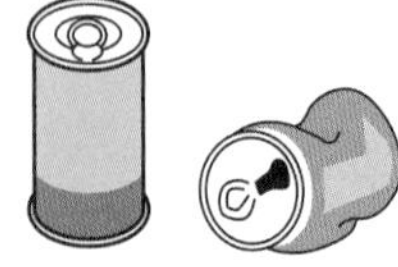

式（　　　　　　）

答え（　　　　）

3 つぎの　時こくを、午前、午後を　つけて　答えましょう。30点（1つ15）

（　　　　）　（　　　　）

4 本を　読んで　いた　時間は　何分間でしょうか。　20点

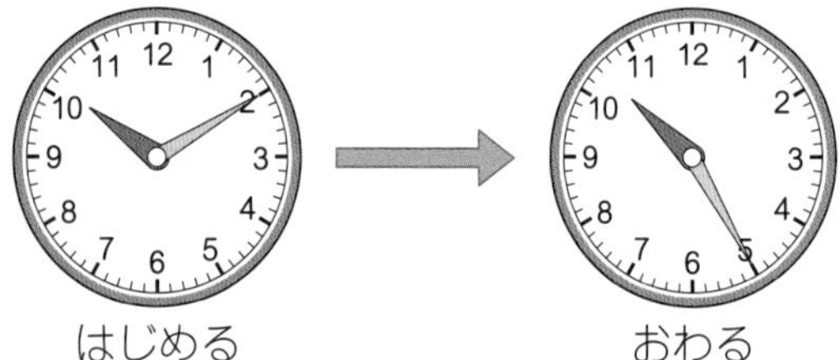

（　　　　）

合かく 80点 ／100

月　日

サクッとこたえあわせ
答え 89ページ

8　水のかさ

かさのあらわし方／リットル

[水などのりょうのことを、かさといいます。]

1 （　）にはあてはまることばを、□にはあてはまる数を書きましょう。
また、かさのたんいLを書いてみましょう。　教 上109ページ 2　40点(1つ10)

① 水などのかさをはかるには、
右の1（リットル）ますをつかいます。

② 1リットルは1Lと書きます。
よこにならって1つ書いてみましょう。

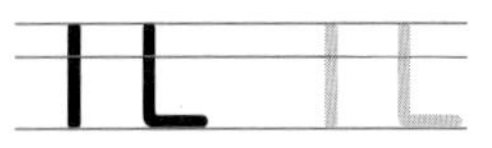

③ 右のやかんに入る水のかさは、
1Lの□こ分で□Lです。

2 水のかさは、それぞれ何Lでしょうか。　教 上109ページ 2　60点(1つ15)

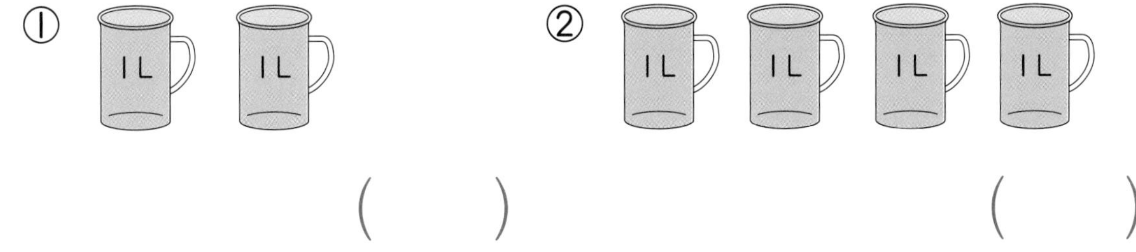

①（　　）　②（　　）

③（　　）　④（　　）

合かく 80点 /100

月　日

8　水のかさ

小さいかさのたんい

[L よりも小さいかさのたんいに、dL や mL があります。]

1 (　)にはあてはまることばを、□にはあてはまる数を書きましょう。

教 上110～112ページ　30点(1つ5)

① 1L を同じかさに 10 こに分けた 1 こ分のかさを 1(デシリットル)といい、1dL と書きます。

1L＝□dL です。

② かさのたんいには、L や dL のほかに(ミリリットル)があります。

1 ミリリットルは 1mL と書きます。

1L＝□mL です。

1L を 10 こに分けた 1 こ分は 100 mL ですから、

1dL＝□mL です。

2 水のかさをそれぞれ答えましょう。 

40点(1つ10)

① 

□dL

② 

□L □dL

③ 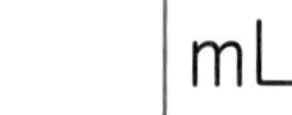

□mL

3 □にあてはまる数を書きましょう。 

30点(1つ15)

① 10dL＝□L　　② 6dL＝□mL

15分　合かく 80点　／100

月　日

8　水のかさ
かさの計算

[同(おな)じたんいどうしを計算(けいさん)します。]

1 水がポットに2L4dL、ペットボトルに1L入っています。　教 上113ページ5

40点(式10・答え10)

① あわせて何(なん)L何dLでしょうか。

式(しき)　2 L 4 dL＋□L＝□L□dL

答(こた)え　□L□dL

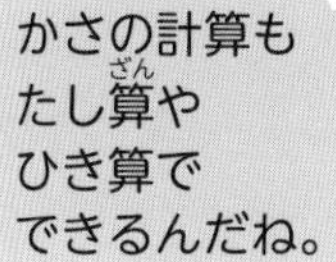

② ちがいは何L何dLでしょうか。

式　□L□dL－□L＝□L□dL

答え　□L□dL

2 つぎの計算をしましょう。　教 上113ページ7　40点(1つ10)

① 8L＋5L

② 900mL－300mL

③ 5L2dL＋1L3dL

ミスにちゅうい!

④ 6L7dL＋2L8dL

3 右のあといの水のかさをくらべます。　教 上113ページ8　20点(式5・答え5)

あ　1L　1L

い　1L

① あわせて何dLでしょうか。

式(　　　　　)　答え(　　　　　)

② ちがいは何dLでしょうか。

式(　　　　　)　答え(　　　　　)

教科書 上113ページ

9　三角形と四角形 ……(1)

[3本の直線でかこまれた形を三角形、4本の直線でかこまれた形を四角形といいます。]

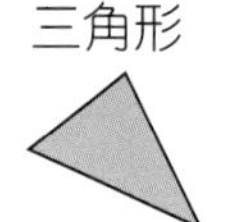

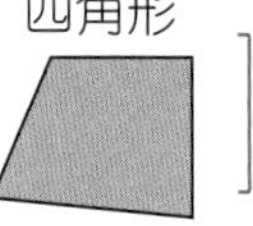

1 (　)にはあてはまることばを、□にはあてはまる数を書きましょう。

教 上120〜121ページ　60点(1つ10)

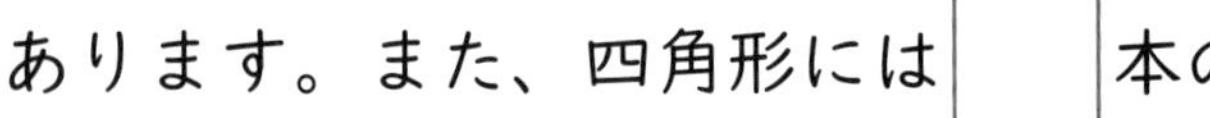

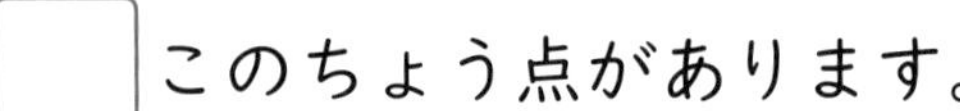

三角形には□本の辺と□このちょう点があります。また、四角形には□本の辺と□このちょう点があります。

2 三角形を2つ、四角形を2つ見つけましょう。 教 上121ページ①

40点(1つ10)

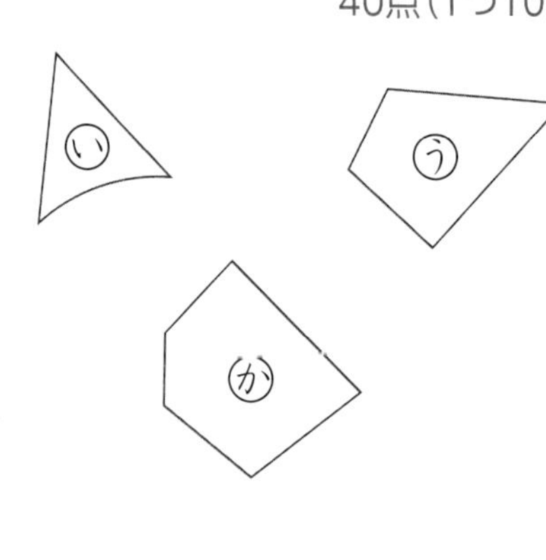

三角形(　、　)　四角形(　、　)

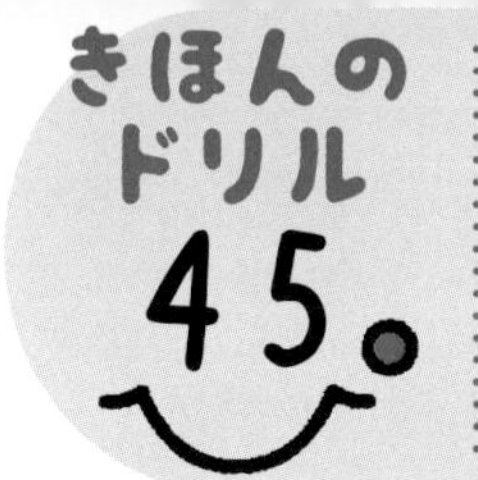

合かく 80点 ／100

月　日

答え 90ページ

9　三角形と四角形 ……(2)

直角

［ノートやまどのかどにぴったりかさなるかどの形を直角といいます。
直角は、三角じょうぎのかどをかさねてしらべます。］

1 （　）にあてはまることばを書きましょう。 教 上122〜123ページ 10点

右の三角じょうぎのあ、いのような
かどの形を（直角）といいます。

2 直角のかどはどれでしょうか。２つ見つけましょう。
（三角じょうぎをつかってしらべましょう。） 教 上123ページ③

30点（1つ15）

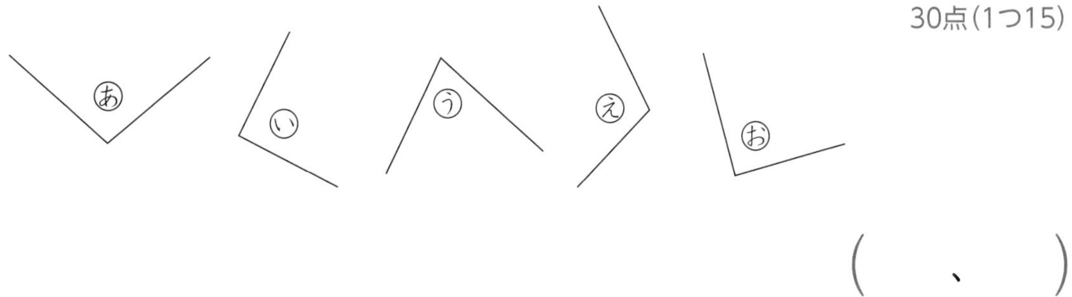

（　　、　　）

3 つぎの三角形や四角形で、直角のかどがあるものはどれでしょうか。４つ見つけましょう。 教 上123ページ 60点（1つ15）

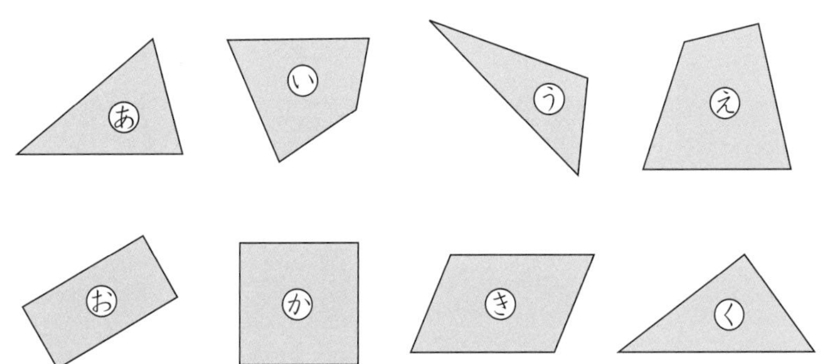

（　　、　　、　　、　　）

時間 15分　合かく 80点　／100

月　日

9　三角形と四角形 ……(3)

長方形と正方形

答え 90ページ

[ノートやはがきのような形を長方形、おり紙のような形を正方形といいます。]

1 (　)にあてはまることばを書きましょう。 教 上124～125ページ

50点(1つ10)

① ノートやはがきのように、4つのかどがみんな(ア 直角)になっている四角形は(イ　　　)です。

② おり紙のように、4つのかどがみんな直角で、(ウ 辺)の長さがみんな同じ四角形は(エ　　　)です。

③ 長方形のむかい合っている辺の長さは(オ 同じ)です。

2 下の図から、長方形、正方形を見つけましょう。あてはまるものをぜんぶ書きましょう。 教 上125ページ5、127ページ8

20点(1つ10)

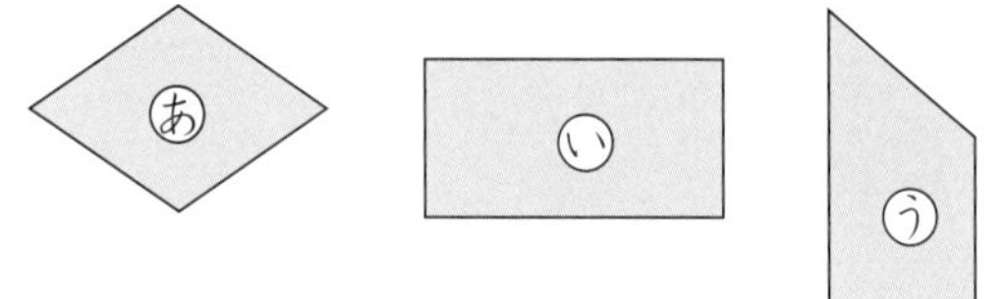

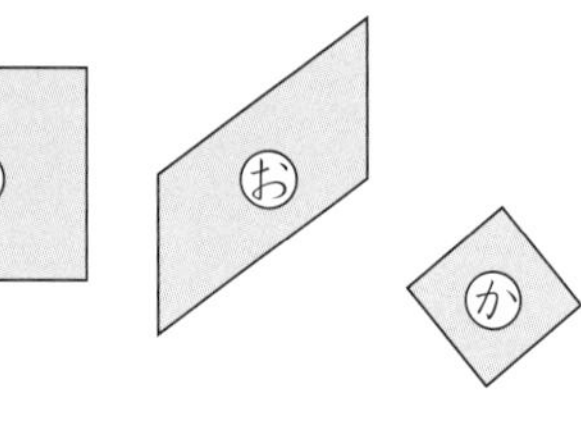

か　き

長方形 (　　　　)　正方形 (　　　　)

3 ①は長方形の紙、②は正方形の紙をおって、辺にそって切ります。ひらくと、どんな四角形になるでしょうか。 教 上126ページ4

30点(1つ15)

①

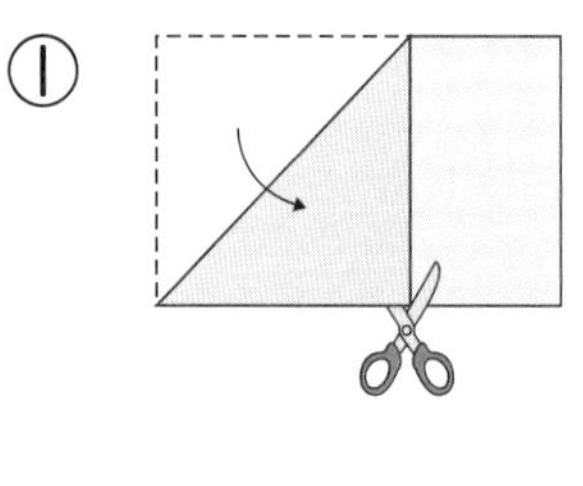

(　　　　)

②

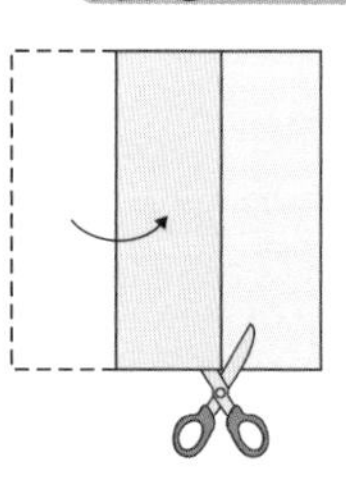

(　　　　)

時間 15分　合かく 80点　／100

月　日

サクッとこたえあわせ　答え 90ページ

9　三角形と四角形 ……(4)
直角三角形

[直角(ちょっかく)のかどのある三角形(さんかくけい)を、直角三角形(ちょっかくさんかくけい)といいます。]

1 (　)にあてはまることばを書(か)きましょう。　教 上128ページ5

20点(1つ10)

右のように、長方形(ちょうほうけい)や正方形(せいほうけい)の紙(かみ)を、------のところで切(き)ると、(ア 直角)のかどがある三角形ができます。直角のかどがある三角形を(イ　　　　)といいます。

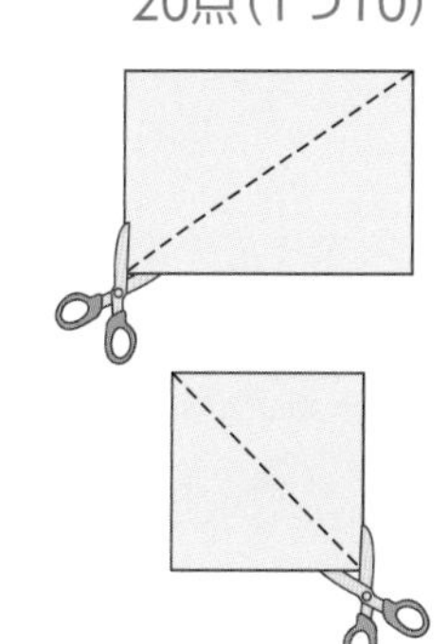

2 下の図(ず)から、直角三角形を2つ見つけましょう。　教 上128ページ10

20点(1つ10)

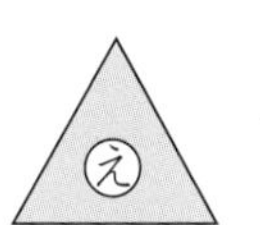

う　え　お

(　　、　　)

3 右の①、②、③の長方形、正方形、直角三角形を方(ほう)がんにかきましょう。　教 上129ページ6

60点(1つ20)

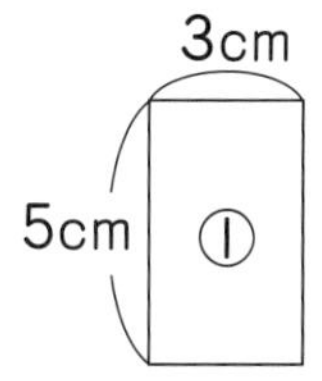

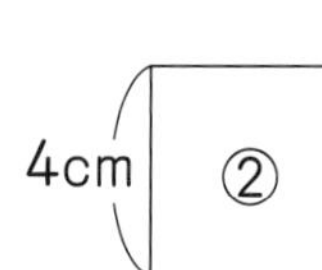

1cm
1cm

合かく 80点 ／100

月　日

サクッとこたえあわせ

答え 90ページ

10 かけ算 ……(1)

［「4この3つ分が12こ」のことを、式で4×3＝12と書きます。この計算をかけ算といいます。］

1 みかんはぜんぶで何こあるでしょうか。 教 下5〜7ページ　30点(1つ5)

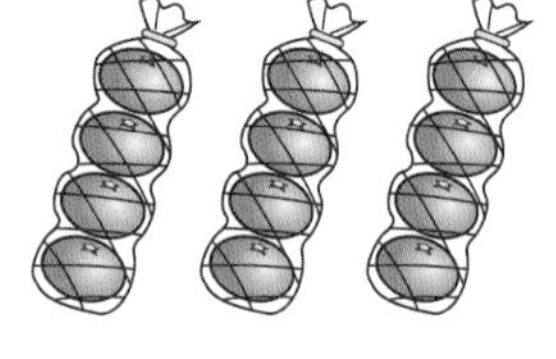

［4こ］ずつ［ふくろ分］で［　　こ］

1つ分の数　いくつ分　ぜんぶの数

このことを、式でつぎのように書きます。

4×［　］＝［　］

2 かけ算の式にあらわしましょう。 教 下8ページ2　30点(1つ10)

①

②

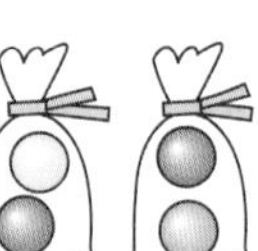

式 ［　］×［　］

式 ［　　　］

3 つぎの式をあらわすように、●をかきましょう。 教 下9ページ3　40点(1つ20)

① 3×4

●
●
●

② 6×2

●
●
●
●
●
●

教科書 下4〜9ページ

時間 15分　合かく 80点　/100　　月　日

サクッとこたえあわせ　答え 90ページ

10 かけ算 ……(2)

[4×3の答えは、4+4+4でもとめることができます。]

1 たし算の式にあらわして、答えをもとめましょう。 教 下9ページ3

20点(式5・答え5)

① 6×2　式（　6+6=　）　答え（　　）

② 4×5　式（　　）　答え（　　）

2 ぜんぶで何こあるでしょうか。かけ算の式にあらわして、答えをもとめましょう。 教 下9ページ3

20点(式5・答え5)

①

式（　　）

答え（　　）

②
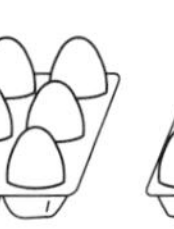

式（　　）

答え（　　）

よくよんで！

3 1はこに3こずつ入ったチョコレートが6はこあります。チョコレートはぜんぶで何こあるでしょうか。かけ算の式にあらわして、答えをもとめましょう。 教 下9ページ3

30点(式15・答え15)

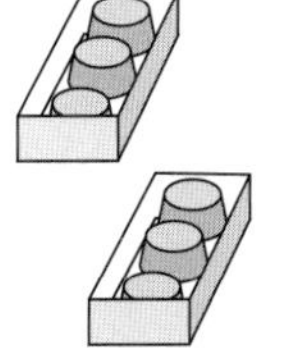
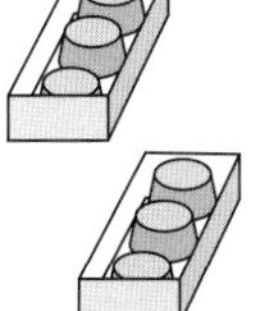
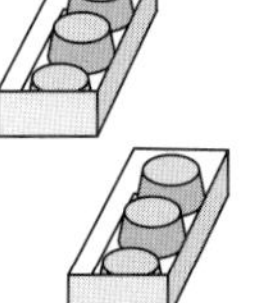

式（　　）

答え（　　）

よくよんで！

4 クッキーを1人に6こずつくばります。5人分では、クッキーはぜんぶで何こいるでしょうか。 教 下9ページ3

30点(式15・答え15)

式（　　）　答え（　　）

かけ算の式に
あらわすんだね。

教科書 下9〜11ページ

15分　合かく 80点　／100

月　日

答え 91ページ

サクッとこたえあわせ

10　かけ算 ……(3)
5のだんと2のだんの九九 ……(1)

[5のだんの九九をおぼえます。]

1 計算をしましょう。 教 下12～14ページ　45点(1つ5)

① 5×1　② 5×2　③ 5×3

④ 5×4　⑤ 5×5　⑥ 5×6

⑦ 5×7　⑧ 5×8　⑨ 5×9

2 □にあてはまる数を書きましょう。 教 下14ページ　45点(1つ5)

① 五一が □　② 五二 □　③ 五三 □

④ 五四 □　⑤ 五五 □　⑥ 五六 □

⑦ 五七 □　⑧ 五八 □　⑨ 五九 □

3 5のだんの九九をつかって、□にあてはまる数を書きましょう。

教 下14ページ⑥　10点(1つ2)

5分

□分

15分

□分

□分

30分

□分

40分

□分

合かく 80点　　/100

月　日

10　かけ算 ……(4)
5のだんと2のだんの九九 ……(2)

[2のだんの九九をおぼえます。]

1 計算(けいさん)をしましょう。 教下15〜16ページ　45点(1つ5)

① 2×1　　② 2×2　　③ 2×3

④ 2×4　　⑤ 2×5　　⑥ 2×6

⑦ 2×7　　⑧ 2×8　　⑨ 2×9

2 □にあてはまる数(かず)を書(か)きましょう。 教下16ページ　45点(1つ5)

① 二一が □　　② 二二が □　　③ 二三が □

④ 二四が □　　⑤ 二五 □　　⑥ 二六 □

⑦ 二七 □　　⑧ 二八 □　　⑨ 二九 □

答(こた)えが 10 より小さいときは、
答えの前(まえ)に「が」が
つくんだね。

よくよんで！

3 2人のりのボートが7そうあります。ぜんぶで何(なん)人のれるでしょうか。 教下16ページ⑦、⑧　10点(式5・答え5)

式(しき)(　　　　　　)

答え(　　　　　　)

時間 15分　合かく 80点　／100　月　日

答え 91ページ

10 かけ算 ……(5)
3のだんと4のだんの九九 ……(1)

[3×2 の式(しき)で、3をかけられる数(かず)、2をかける数といいます。]

1 □にあてはまる数を書(か)きましょう。　教 下17ページ8　25点(1つ5)

3のだんの九九では、答(こた)えは [3] ずつふえます。

3×5 の答えは、3×4 の答えより □ 大きくなります。

かけられる数　かける数

3 × 1 = 3
3 ふえる
3 × 2 = 6
[3] ふえる
3 × 3 = 9
□ ふえる
3 × 4 = [12]

2 計算(けいさん)をしましょう。　教 下17〜18ページ　25点(1つ5)

① 3×5　② 3×6　③ 3×7

④ 3×8　⑤ 3×9

3 □にあてはまる数を書きましょう。　教 下18ページ　30点(1つ5)

① 三三が 　② 三六 　③ 三七 

④ 三九 　⑤ 三四 　⑥ 三五 

よくよんで！

4 3まい入りの食(しょく)パンが4ふくろあります。食パンはぜんぶで何(なん)まいあるでしょうか。　教 下18ページ9　20点(式10・答え10)

式（　　　　　　　　）

答え（　　　　　）

合かく 80点 ／100

月　日

10　かけ算 ……(6)
3のだんと4のだんの九九 ……(2)

[4のだんの九九をおぼえます。]

1 □にあてはまる数を書きましょう。 教 下19ページ9　25点(1つ5)

4のだんの九九では、答えは 4 ずつふえます。

ここから、かける数が □ ふえると、答えはかけられる数だけふえることがわかります。

4×1＝ 4
1ふえる↓　4 ふえる
4×2＝ 8
1ふえる↓　4 ふえる
4×3＝ 12
1ふえる↓　□ ふえる
4×4＝□

2 計算をしましょう。 教 下19～20ページ　25点(1つ5)

① 4×5　② 4×6　③ 4×7

④ 4×8　⑤ 4×9

3 □にあてはまる数を書きましょう。 教 下20ページ　30点(1つ10)

① 四二が □　② 四五 □　③ 四八 □

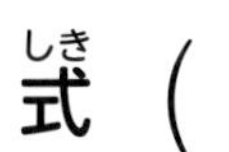

4 色紙を1人に4まいずつくばります。 教 下20ページ12

① 6人にくばるには、色紙は何まいいるでしょうか。 15点(式10・答え5)

式（　　　　　）答え（　　　）

② もう1人ふえると、色紙はぜんぶで何まいいるでしょうか。 5点

（　　　）

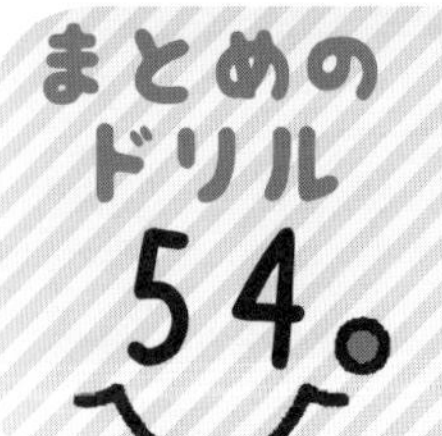

10 かけ算

合かく 80点 ／100

月　日

1 計算をしましょう。 60点(1つ5)

① 2×5　② 4×9　③ 3×7

④ 5×3　⑤ 2×6　⑥ 4×2

⑦ 3×1　⑧ 5×7　⑨ 2×8

⑩ 4×5　⑪ 3×6　⑫ 5×5

よくよんで！

2 車が6台あります。1台に5人ずつのると、ぜんぶで何人のれるでしょうか。 15点(式10・答え5)

式（　　　　　）

答え（　　　）

よくよんで！

3 おちばを3まいずつはって、しおりを作ります。しおりを8まい作るのに、おちばは何まいいるでしょうか。 15点(式10・答え5)

式（　　　　　）

答え（　　　）

4 5×2 をあらわしている図を、ぜんぶえらびましょう。 10点

あ 

い 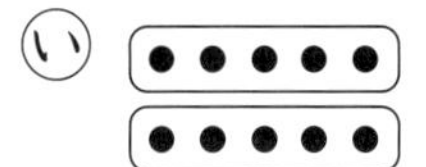

う 

え 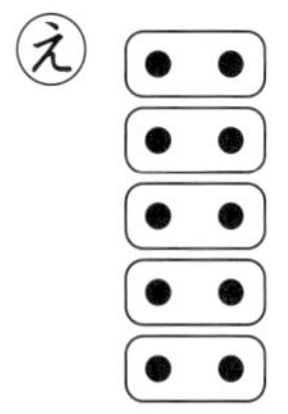

お 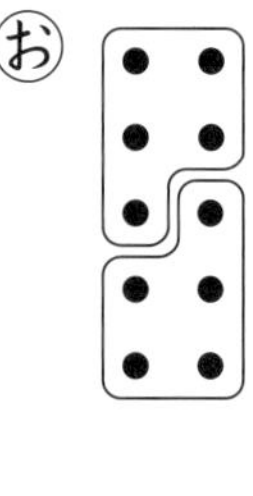

（　　　）

教科書 下4〜21ページ

時間 15分　合かく 80点　/100

月　日

答え 92ページ

サクッとこたえあわせ

11　かけ算九九づくり
6のだんと7のだんの九九　……(1)

[かける数(かず)が1ふえると、答(こた)えはかけられる数だけふえます。]

1 □にあてはまる数を書(か)きましょう。　教 下29ページ2　5点

6のだんでは、かける数が1ふえると、答えは□ふえます。

2 計算(けいさん)をしましょう。　教 下29〜30ページ　45点(1つ5)

① 6×4　② 6×3　③ 6×7

④ 6×6　⑤ 6×5　⑥ 6×2

⑦ 6×1　⑧ 6×8　⑨ 6×9

よくよんで！

3 ドーナツが1はこに6こずつ入っています。　教 下30ページ①

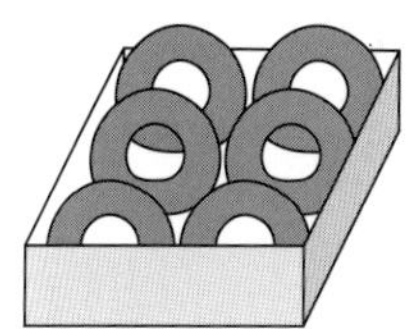

① 3はこ買(か)うと、ドーナツはぜんぶで何(なん)こになるでしょうか。　20点(式10・答え10)

式(しき)(　　　　　)　答え(　　)

② もう1はこ買うと、ドーナツは何こふえるでしょうか。　10点

(　　)

4 6×4と同(おな)じ答えになる3のだんの九九を書きましょう。

教 下30ページ②　20点

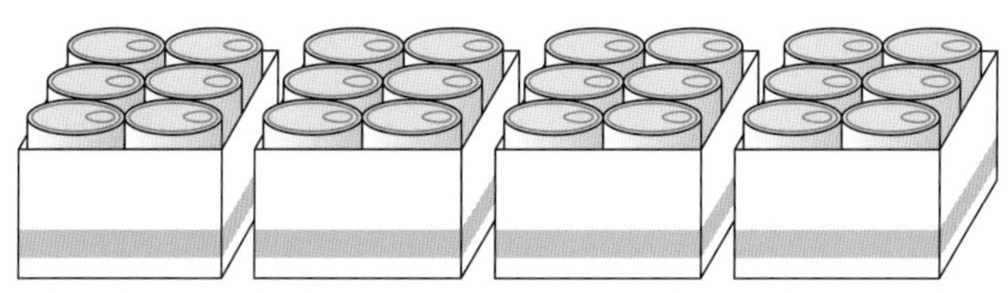

(　　)

教科書 下27〜30ページ

合かく 80点 　／100

月　　日

11　かけ算九九づくり
6のだんと7のだんの九九 ……(2)

［7のだんの九九をおぼえます。］

1 計算(けいさん)をしましょう。 教 下31～32ページ　45点(1つ5)

① 7×1　② 7×6　③ 7×8

④ 7×7　⑤ 7×2　⑥ 7×4

⑦ 7×3　⑧ 7×5　⑨ 7×9

⚠ミスにちゅうい！

2 1週間(しゅうかん)は7日あります。3週間では、何(なん)日あるでしょうか。

教 下32ページ③　30点(式15・答え15)

式(しき)（　　　　　　）

答(こた)え（　　　　　）

3 ○(しろまる)は何こあるでしょうか。●(くろまる)は何こあるでしょうか。また、まるはぜんぶで何こあるでしょうか。□にあてはまる数(かず)を書(か)きましょう。 教 下32ページ④

25点(1つ5)

○ ○ ○ ○
○ ○ ○ ○
○ ○ ○ ○
○ ○ ○ ○
● ● ● ●
● ● ● ●
● ● ● ●

○は、4×4＝□（こ）あります。

●は、3×□＝□（こ）あります。

まるはぜんぶで、［7］×4＝□（こ）あります。

ぜんぶの数は
○の数と●の数をたしても
もとめられます。

教科書 下31～32ページ

きほんのドリル 57。

時間 15分　合かく 80点　/100

月　日

サクッとこたえあわせ　答え 92ページ

11　かけ算九九づくり
8のだんと9のだんの九九 ……(1)

[8のだんの九九をおぼえます。]

1 計算(けいさん)をしましょう。 教 下33〜34ページ　45点(1つ5)

① 8×3　② 8×6　③ 8×1

④ 8×8　⑤ 8×4　⑥ 8×7

⑦ 8×5　⑧ 8×2　⑨ 8×9

2 8こ入りのゼリーが5ふくろあります。
ゼリーはぜんぶで何(なん)こあるでしょうか。 教 下34ページ⑤

30点(式15・答え15)

式(しき)（　　　　　）

答(こた)え（　　　　）

よくよんで！

3 □にあてはまる数(かず)を書(か)きましょう。 教 下34ページ⑥　25点(1つ5)

○(しろまる)は、8×4=□(こ) あります。

●(くろまる)は、8×□=□(こ) あります。

まるはぜんぶで、8×6=□(こ) あります。

48は、8×4と8×□の答えをたした数です。

○ ○ ○ ○ ● ●
○ ○ ○ ○ ● ●
○ ○ ○ ○ ● ●
○ ○ ○ ○ ● ●
○ ○ ○ ○ ● ●
○ ○ ○ ○ ● ●
○ ○ ○ ○ ● ●
○ ○ ○ ○ ● ●

きほんのドリル 58。

時間 15分 合かく 80点 ／100

月　日

答え 92ページ サクッとこたえあわせ

11　かけ算九九づくり
8のだんと9のだんの九九 ……(2)

[9のだんの九九をおぼえます。]

1 計算(けいさん)をしましょう。 教 下35〜36ページ　36点(1つ4)

① 9×2　② 9×7　③ 9×4

④ 9×3　⑤ 9×5　⑥ 9×9

⑦ 9×1　⑧ 9×6　⑨ 9×8

2 □にあてはまる数(かず)を書(か)きましょう。 教 下36ページ　24点(1つ4)

① 九一が □　② 九三 □　③ 九六 □

④ 九九 □　⑤ 九八 □　⑥ 九四 □

よくよんで!

3 9人で1つのわをつくります。わが4つできました。ぜんぶで何(なん)人いるでしょうか。 教 下35ページ5、36ページ⑦　20点(式10・答え10)

式(しき)（　　　　　　）

答(こた)え（　　　）

4 チョコレートが9こずつ入ったはこが5はこあります。チョコレートはぜんぶで何こあるでしょうか。 教 下36ページ⑦

20点(式10・答え10)

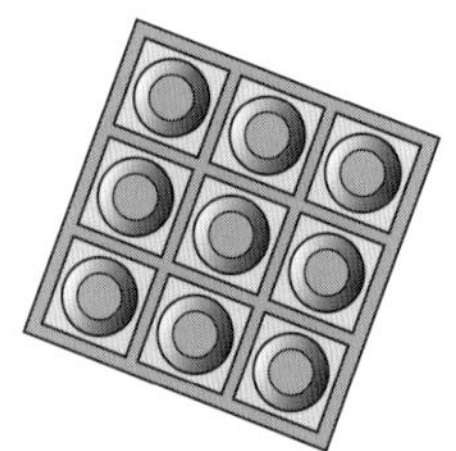

式（　　　　　　）

答え（　　　）

時間15分　合かく80点　/100

月　日

サクッとこたえあわせ

答え 92ページ

11　かけ算九九づくり

1のだんの九九

［1のだんの九九をおぼえます。］

1 計算をしましょう。 教 下37ページ6 40点(1つ5)

① 1×5　② 1×7　③ 1×4

④ 1×8　⑤ 1×2　⑥ 1×6

⑦ 1×3　⑧ 1×9

答えはかける数と同じになるんだね。

2 □にあてはまる数を書きましょう。 教 下37ページ6 30点(1つ5)

① 一六が □　② 一三が □　③ 一八が □

④ 一一が □　⑤ 一七が □　⑥ 一四が □

よくよんで！

3 みかんを1人に1こずつくばります。6人分では、みかんは何こいるでしょうか。 教 下37ページ6 30点(式15・答え15)

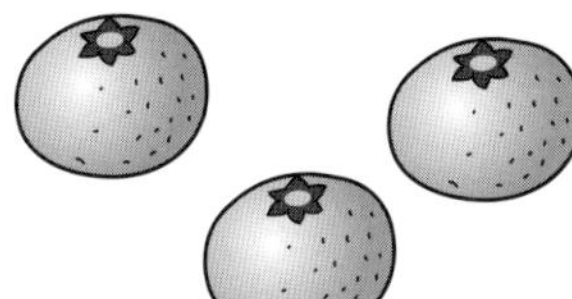

式（　　　　　　　　）

答え（　　　）

教科書 下37ページ

時間 15分　合かく 80点　/100

月　日

サクッとこたえあわせ　答え 92ページ

11　かけ算九九づくり

かけ算と倍

［2つ分のことを2倍、3つ分のことを3倍といいます。］

1 2cmの3倍の長さになるように、色をぬりましょう。

教 下39ページ9　20点(1つ5)

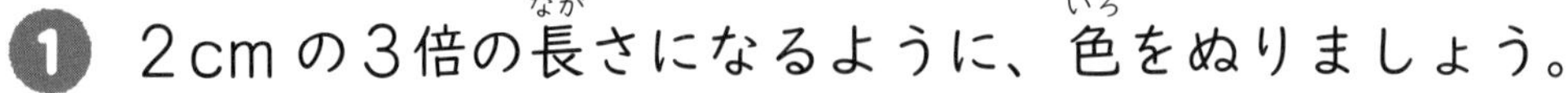

2cmの3倍の長さを、かけ算でもとめましょう。

2×□＝□　　答え □cm

2 9cmのえんぴつの5倍の長さは何cmでしょうか。

教 下38ページ7　30点(式15・答え15)

式（　　　　　　）

答え（　　　　）

3 下のチョコレートの数は、何この何倍でしょうか。また、かけ算の式にあらわして、ぜんぶの数をもとめましょう。教 下39ページ10

20点(1つ5・式5・答え5)

（　　　）この（　　　）倍

式（　　　　　　）

答え（　　　　）

よくよんで！

4 かよさんはゼリーを4こ買いました。たかやさんが買った数は、かよさんの3倍です。たかやさんはゼリーを何こ買ったでしょうか。

教 39ページ10　30点(式15・答え15)

式（　　　　　　）

答え（　　　　）

教科書 下38〜39ページ

合かく 80点 ／100

月　日

サクッとこたえあわせ

答え 93ページ

11　かけ算九九づくり
かけ算をつかって

[みのまわりにも、かけ算(ざん)をつかって考(かんが)えられるものがあります。]

1 クッキーが、3まいずつ、9つに分(わ)けられたはこに入っています。6まい食(た)べると、のこりは何(なん)こになるでしょうか。 教 下40ページ9

15点

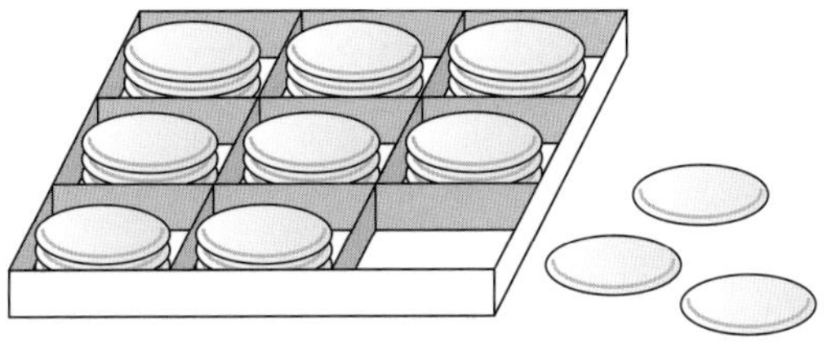

答(こた)え（　　　）

2 1つの辺(へん)の長(なが)さが4cmの、正方形(せいほうけい)のシールがあります。
まわりの長さは、1つの辺の長さの何倍(ばい)でしょうか。
また、この正方形のまわりの長さは何cmでしょうか。

教 下40ページ9　40点(1つ20)

答え　まわりの長さは、1つの辺の長さの
（　　　）倍で、（　　　）cm

3 下の●の数(かず)のもとめ方(かた)を、2つ考えました。□にあてはまる数を書(か)きましょう。 教 下41～42ページ

45点(1つ5)

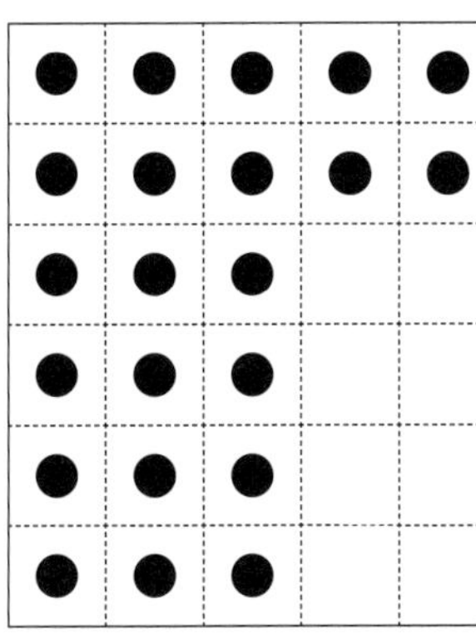

(1つめ)　□ × 5 ＝ 10
4 × □ ＝ □
10 ＋ □ ＝ □

(2つめ)　6 × 5 ＝ □
4 × □ ＝ 8
□ － 8 ＝ □

教科書 下40～43ページ

時間 15分　合かく 80点　/100

月　日

サクッとこたえあわせ

答え 93ページ

11 かけ算九九づくり

1 計算(けいさん)をしましょう。　45点(1つ5)

① 6×4　② 7×2　③ 9×9

④ 8×3　⑤ 1×8　⑥ 6×6

⑦ 7×5　⑧ 9×7　⑨ 8×9

2 8のだんの九九で、答(こた)えがつぎの数(かず)になる九九を書(か)きましょう。　15点(1つ5)

① 16　② 40　③ 64

(　　)　(　　)　(　　)

よくよんで！

3 はるかさんは、毎日(まいにち)かん字れんしゅうを8字ずつすることにしました。1週間(しゅうかん)では何(なん)字れんしゅうすることになるでしょうか。　20点(式10・答え10)

式(しき)(　　　　)

答え(　　　)

4 □にあてはまる数を書きましょう。　20点(1つ10)

① 8人の4倍(ばい)は□人

② 9cmの6倍は□cm

教科書 下27〜43ページ

合かく 80点 /100

月 日

サクッとこたえあわせ

答え 93ページ

12 長いものの長さ ……(1)

[100 cm を1メートルといい、1 m と書きます。1 m＝100 cm]

1 □にあてはまる数を書きましょう。 教 下49～50ページ 20点(1つ5)

30 cm のものさし5つ分の長さは 150 cm です。

150 cm は、100 cm と □ cm で、□ m □ cm です。

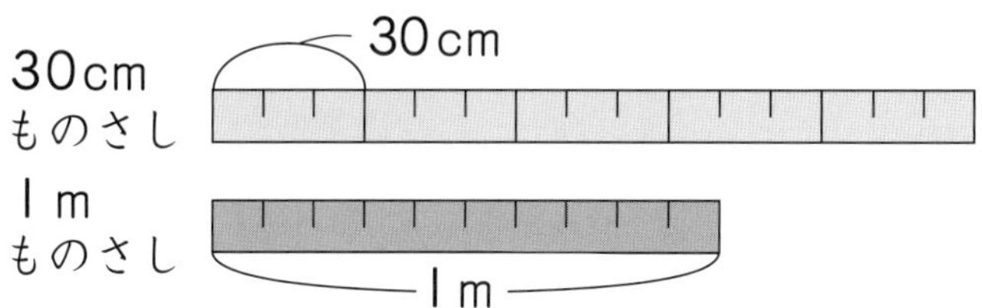

2 □にあてはまる数を書きましょう。 教 下51ページ② 40点(1つ8)

① 1 m のものさしで、1こ分と、あと 30 cm の長さは □ m □ cm

② 1 m のものさしで、2こ分と、あと 65 cm の長さは □ m □ cm

③ 1 m のものさしで、4こ分と、あと 53 cm の長さは □ cm

ミスにちゅうい!

3 □にあてはまる数を書きましょう。 教 下51ページ④ 40点(1つ8)

① 200 cm＝□ m　② 320 cm＝□ m □ cm

③ 1 m 43 cm＝□ cm　④ 1 m 1 cm＝□ cm

時間 15分　合かく 80点　/100　月　日

答え 93ページ　サクッとこたえあわせ

12 長いものの長さ ……(2)

[長さを計算でもとめます。]

1 家の天じょうの高さをはかったら、2m 10cm のぼうと、あと 40cm ありました。

□にあてはまる数を書いて、天じょうの高さをもとめましょう。

教 下52ページ3　20点(1つ10)

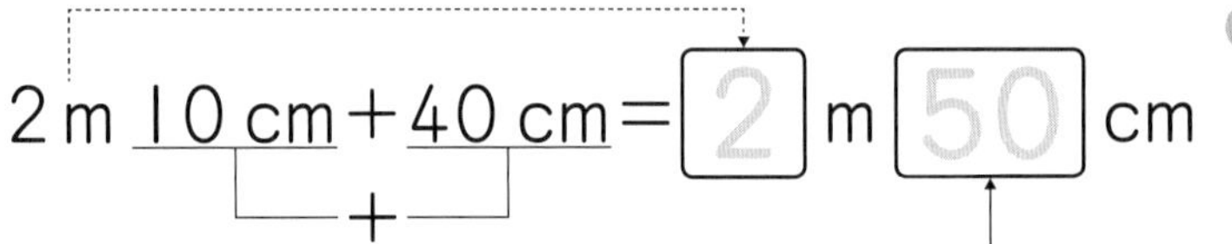

同じたんいの数どうしをたすんだね。

よくよんで！

2 かずみさんのせの高さは 1m 30cm です。かずみさんが 25cm の台の上に立つと、何 m 何 cm になるでしょうか。

教 下52ページ3　30点(式15・答え15)

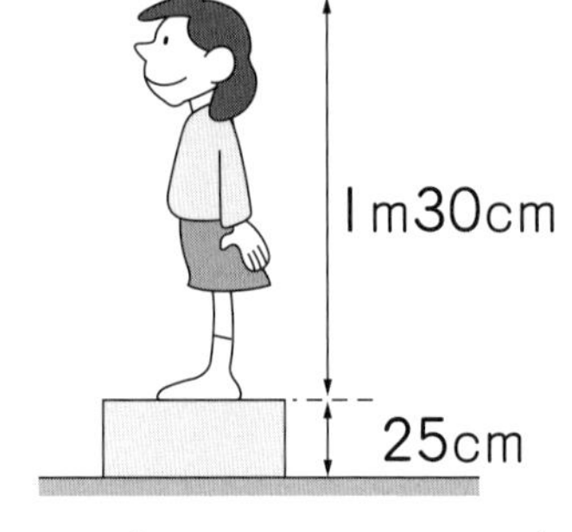

式（　　　　　　　　）

答え（　　　　）

よくよんで！

3 天じょうの高さは 2m 60cm です。げたばこの高さは 45cm です。げたばこの上から天じょうまでの高さは、何 m 何 cm でしょうか。

教 下52ページ3　30点(式15・答え15)

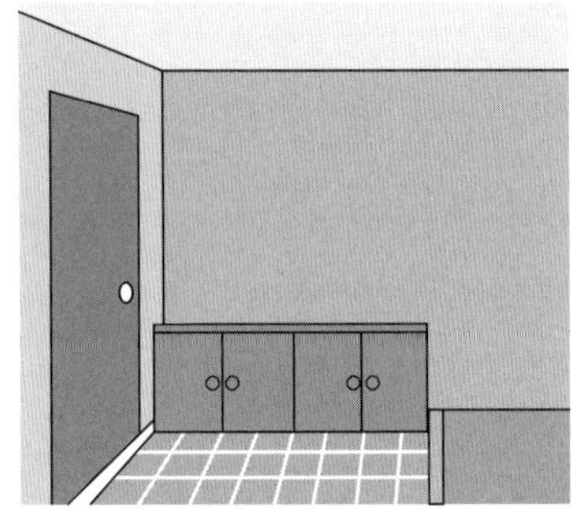

式（　　　　　　　　）

答え（　　　　）

4 計算をしましょう。　教 下52ページ5　20点(1つ10)

① 2m 10cm＋3m　　② 3m 70cm－1m 45cm

合かく 80点 ／100

月　日

サクッとこたえあわせ

答え 93ページ

水のかさ／三角形と四角形

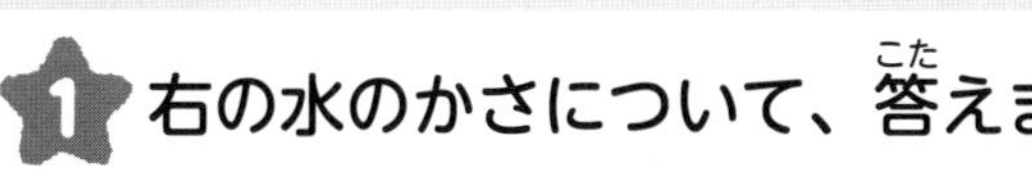

1 右の水のかさについて、答えましょう。

20点(1つ10)

① 水のかさは何L何dLでしょうか。

(　　　　　)

② 水のかさは3Lより何mL少ないでしょうか。

(　　　　　)

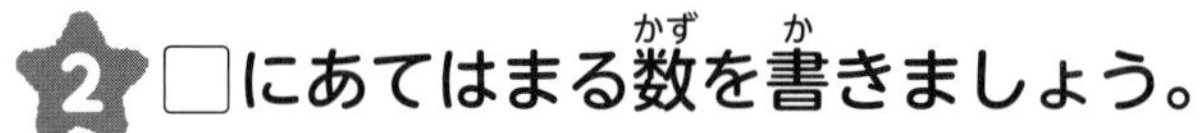

2 □にあてはまる数を書きましょう。

20点(1つ10)

① 1L＝□mL　　② 700mL＝□dL

⚠ミスにちゅうい！

3 三角形と四角形をぜんぶ見つけましょう。

30点(1つ15)

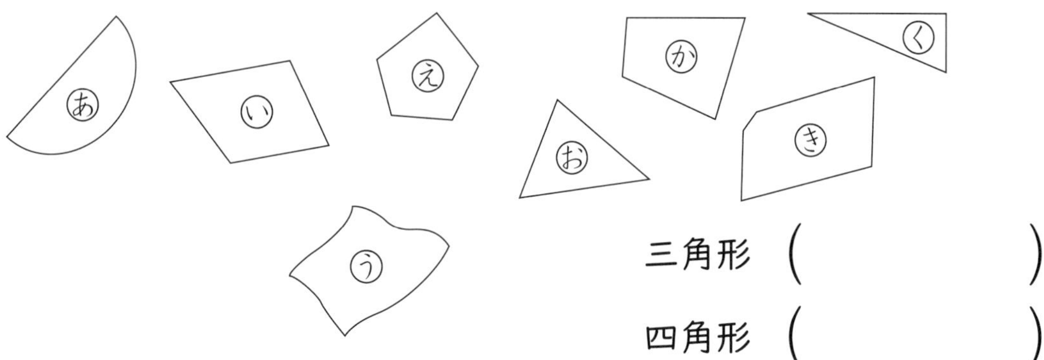

三角形 (　　　　　)

四角形 (　　　　　)

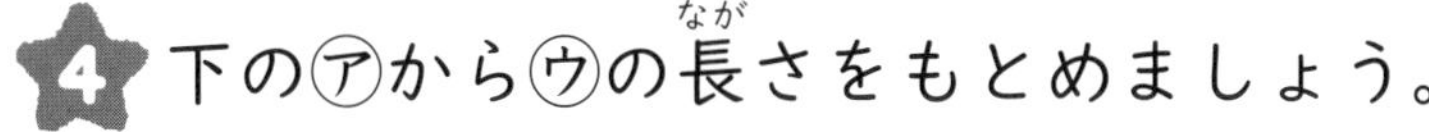

4 下の㋐から㋒の長さをもとめましょう。

30点(1つ10)

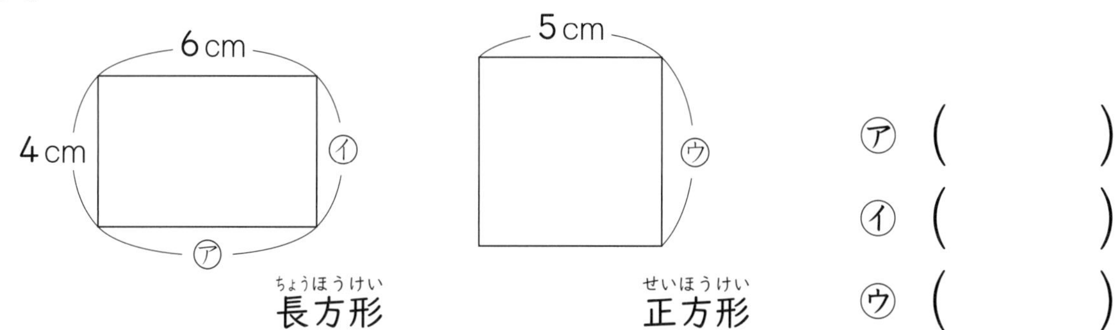

㋐ (　　　　　)

㋑ (　　　　　)

㋒ (　　　　　)

15分

合かく 80点 ／100

月　日

サクッとこたえあわせ

答え 93ページ

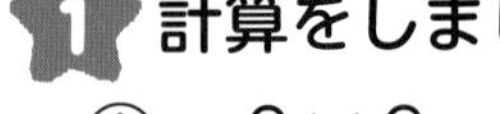

かけ算／かけ算九九づくり／長いものの長さ

1 計算(けいさん)をしましょう。　40点(1つ5)

① 2×3　② 4×6　③ 3×5

④ 8×6　⑤ 6×7　⑥ 1×2

⑦ 5×8　⑧ 9×4

よくよんで！

2 1はこに6本ずつ入ったジュースが3はこあります。ジュースはぜんぶで何(なん)本あるでしょうか。　20点(式10・答え10)

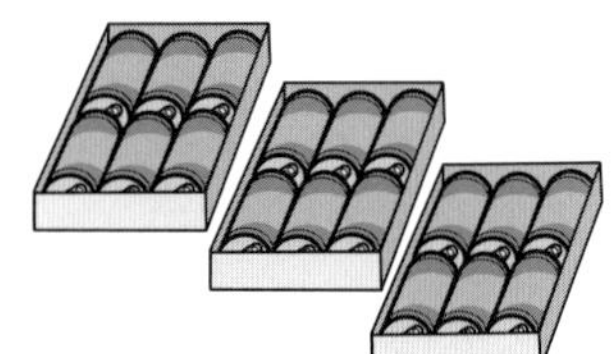

式(しき)（　　　　　　　）

答(こた)え（　　　）

よくよんで！

3 まゆみさんは、どんぐりを7こひろいました。
お姉(ねえ)さんがひろった数(かず)は、まゆみさんの4倍(ばい)です。
お姉さんはどんぐりを何こひろったでしょうか。　20点(式10・答え10)

式（　　　　　　　）

答え（　　　）

4 □にあてはまる数を書(か)きましょう。　20点(1つ5)

① 200 cm＝□m　② 3m5cm＝□cm

③ 4m 50 cm－2m 30 cm＝□m□cm

15分 合かく 80点 /100

月 日

13 九九の表 ……(1)

かけ算では、かける数が1ふえると、答えはかけられる数だけふえます。
かけ算では、かけられる数とかける数を入れかえても、答えは同じになります。

かけられる数		かける数		答え
4	×	5	=	20
5	×	4	=	20

1 □にあてはまる数を書きましょう。 教 下61ページ2 20点

8×7の答えは8×6より□大きいです。

2 九九の表を見て答えましょう。 教 下61ページ3 60点(1つ20)

		かける数								
		1	2	3	4	5	6	7	8	9
かけられる数	1	1	2	3	4	5	6	7	8	9
	2	2	4	6	8	10	12	14	16	18
	3	3	6	9	12	15	18	21	24	27
	4	4	8	12	16	20	24	28	32	36
	5	5	10	15	20	25	30	35	40	45
	6	6	12	18	24	30	36	42	48	54
	7	7	14	21	28	35	42	49	56	63
	8	8	16	24	32	40	48	56	64	72
	9	9	18	27	36	45	54	63	72	81

① 答えが12になる九九はいくつあるでしょうか。

( )

② 答えが18になる九九を、かけ算の式でぜんぶ書きましょう。

( )

③ 答えが16になる九九を、かけ算の式でぜんぶ書きましょう。

( )

③は、3つあります。

3 □にあてはまる数を書きましょう。 教 下61〜62ページ3 20点(1つ10)

① 2×7=7×□　　② 6×9=9×□

15分　合かく 80点　/100

サクッとこたえあわせ

月　日

13　九九の表　……(2)

［かける数が10の答えは、かける数が9のときよりも、かけられる数だけ大きくなります。］

1 □にあてはまる数を書きましょう。　教 下63ページ4　20点(1つ5)

○は、□×7＝28こあります。

●は、□×7＝14こあります。

まるはぜんぶで、6×7＝□(こ)あります。

42は、4×7と□×7の答えをたした数です。

○○○○○○○
○○○○○○○
○○○○○○○
○○○○○○○
●●●●●●●
●●●●●●●

2 6×10の答えのもとめ方を考えます。　教 下64ページ5　40点(1つ8)

① 6×10は、6の10こ分です。

6＋6＋6＋6＋6＋6＋6＋6＋6＋6＝□

② 6×10の答えは、6×9の答えより6大きくなります。

6×9＋□＝□

3 計算をしましょう。　教 下64〜65ページ　40点(1つ8)

① 5×10　② 5×11　③ 5×12

④ 10×5　⑤ 10×8

合かく 80点　／100

14　はこの形 ……(1)

答え 94ページ

[はこの形は、長方形や正方形の6つの面でできています。]

1 右のようなはこの形について答えましょう。□にはあてはまる数を、( )にはあてはまることばを書きましょう。 教 下67〜68ページ1　30点(1つ10)

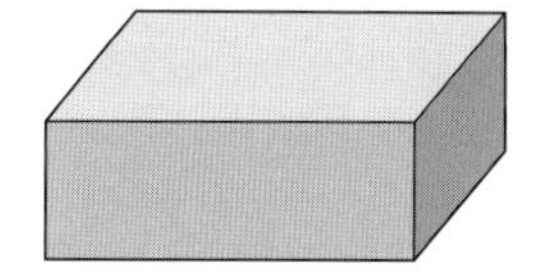

① 面は□つあります。

② 面の形は(長方形)で、同じ形の面が□つずつあります。

2 右のようなさいころの形があります。 教 下67〜68ページ1　40点(1つ20)

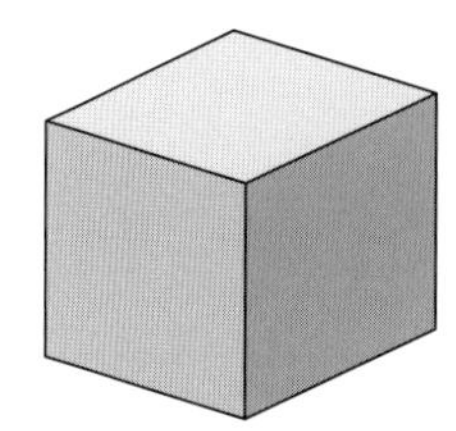

① 面はいくつあるでしょうか。

(　　)

② 面の形はどんな形でしょうか。

(　　　　)

3 右のようなはこの形があります。つぎの形の面はいくつあるでしょうか。 教 下67〜68ページ1　30点(1つ10)

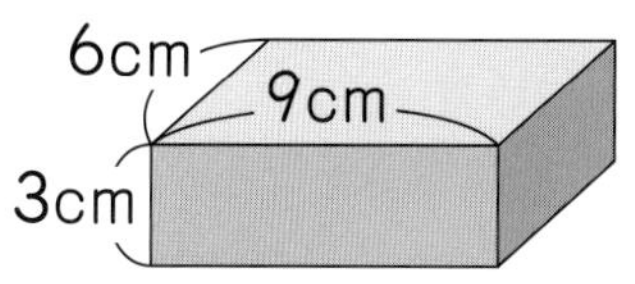

㋐

9cm
3cm

㋑

6cm
3cm

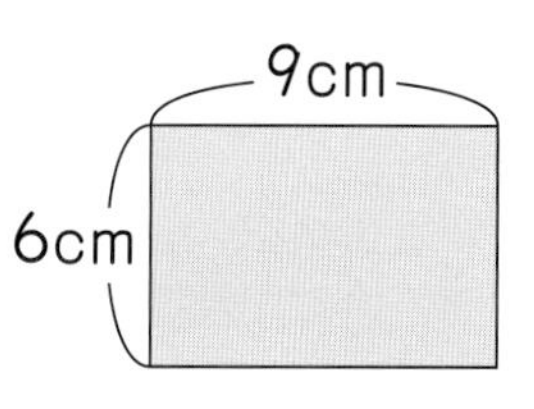

(　　)　(　　)　(　　)

15分 合かく 80点 /100

月 日

14 はこの形 ……(2)

[面と面の間の直線を辺、3つの辺があつまったところをちょう点といいます。]

1 ひごとねん土玉をつかって、右のようなはこの形を作ります。 教下70ページ3 40点(1つ10)

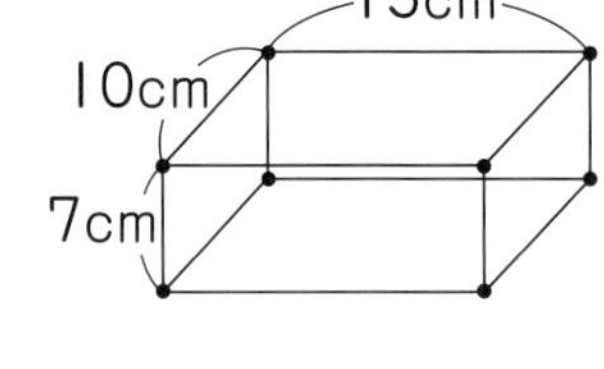

① 7cm、10cm、15cmのひごをそれぞれ何本つかうでしょうか。

7cm(　　) 10cm(　　) 15cm(　　)

② ねん土玉を何こつかうでしょうか。

(　　)こ

2 はこの形について、(　)にはあてはまることばを、□にはあてはまる数を書きましょう。 教下70ページ3 40点(1つ10)

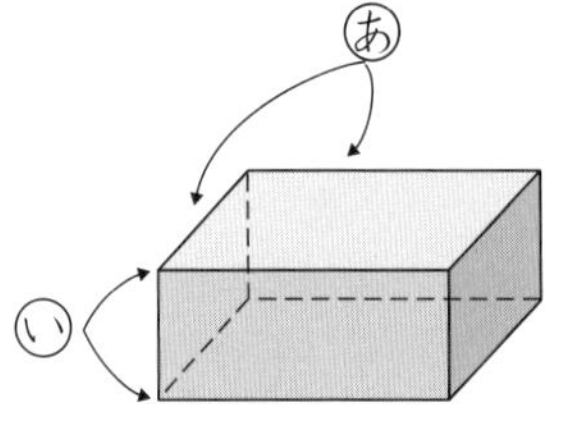

① あの直線のところを(ア　　)、いのかどの点を(イ　　)といいます。

② はこの形には、辺が ウ□、ちょう点が エ□、あります。

3 右のようなさいころの形があります。 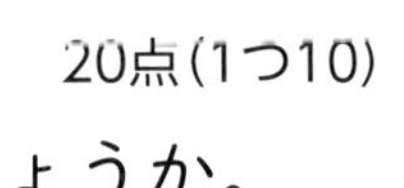 20点(1つ10)

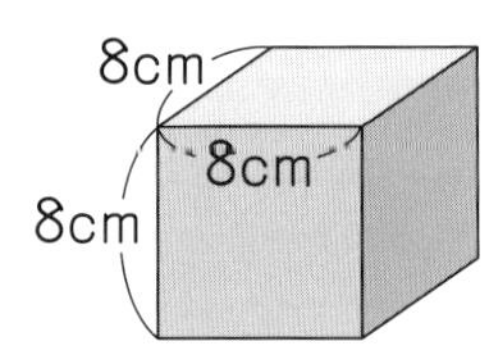

① 長さが8cmの辺がいくつあるでしょうか。

(　　)

② ちょう点はいくつあるでしょうか。

(　　)

合かく 80点 /100

月　日

サクッとこたえあわせ

答え 94ページ

15　1000より大きい数 ……(1)

数のあらわし方

[2815の2は千の位の数字で、2000をあらわします。]

1 何まいあるでしょうか。□にあてはまる数を書きましょう。

教 下73〜74ページ1　30点(1つ10)

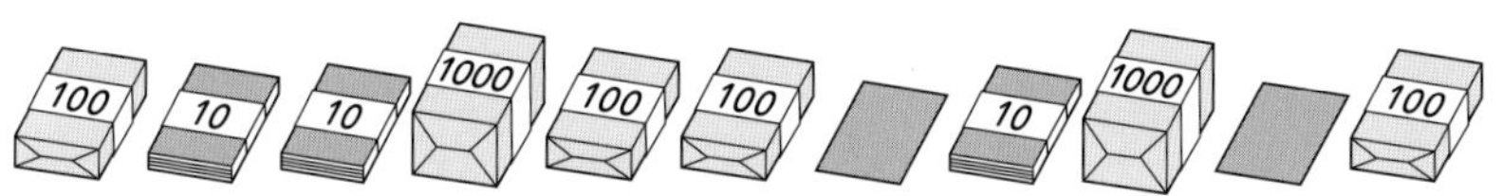

1000が2こで 2000 (二千)

2000と □ で 2432 (二千四百三十二)まい。

2 何まいあるでしょうか。□にあてはまる数を書きましょう。

教 下75ページ2　30点(1つ10)

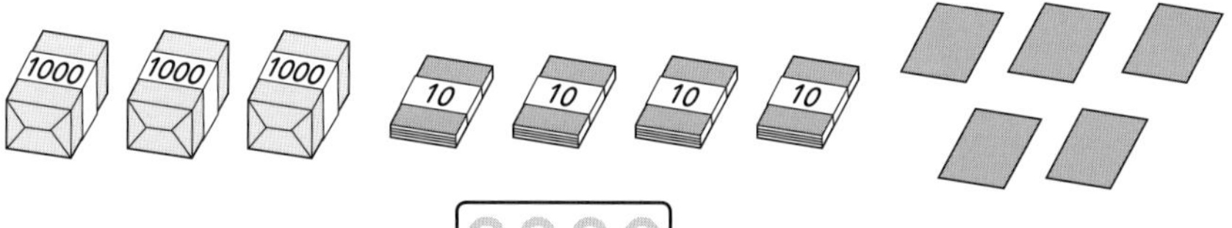

百の位には0を書くよ。

1000が3こで 3000 (三千)

3000と □ で 3045 (三千四十五)まい。

3 いくつでしょうか。 教 下75ページ⑤　20点(1つ10)

① 1000を5こと、100を6こと、10を4こと、1を8こあわせた数　(　　　)

② 1000を9こと、10を2こと、1を6こあわせた数　(　　　)

4 □にあてはまる>か<のしるしを書きましょう。 教 下75ページ⑥

20点(1つ10)

① 4392 □ 4293　　② 8990 □ 9008

教科書 下73〜75ページ

合かく 80点 ／100

月　日

答え 94ページ

サクッとこたえあわせ

15　1000より大きい数 ……(2)
100がいくつ

[100が10こで1000です。]

1 100を24こあつめた数はいくつでしょうか。　教 下76ページ3

30点(1つ10)

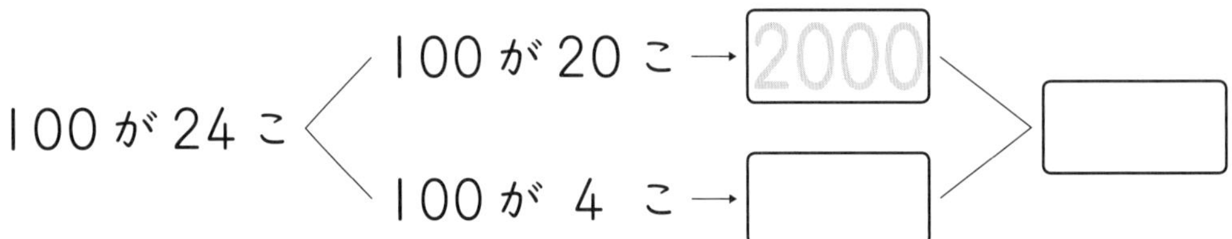

100が24こ
- 100が20こ → 2000
- 100が 4 こ → □

→ □

2 3200は100をいくつあつめた数でしょうか。　教 下76ページ4

30点(1つ10)

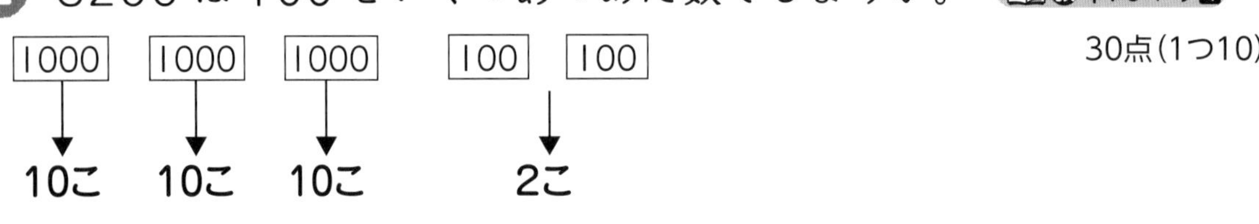

3200
- 3000 → 100が□こ
- 200 → 100が□こ

→ 100が□こ

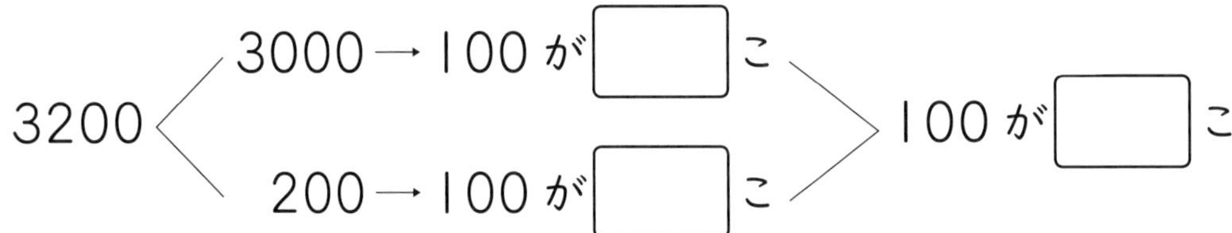

3 □にあてはまる数を書きましょう。　教 下76ページ7

40点(1つ10)

① 100を73こあつめた数は□です。

② 1000は100を□こあつめた数です。

⚠ミスにちゅうい！

③ 4900は100を□こあつめた数です。また、10を□こあつめた数です。

教科書 下76ページ

合かく 80点 ／100

月　日

サクッとこたえあわせ

15　1000より大きい数 ……(3)
一万／何百の計算

[1000を10こあつめた数(かず)を一万(いちまん)といい、10000と書(か)きます。]

1 □にあてはまる数を書きましょう。　教 下78ページ⑧　20点(1つ5)

① 1000を10こあつめた数は 10000 です。

② 10000より1小さい数は □、10小さい数は □、100小さい数は □ です。

2 数の線(せん)で、下の数をあらわすめもりに↑とその数を書きましょう。　教 下78ページ⑨　30点(1つ6)

7000　8000　9000　10000

1000を10に分(わ)けて、さらに2つに分けているね。

① 1000を7こと、100を6こあわせた数
② 1000を8こと、10を5こあわせた数
③ 8900より50小さい数
④ 6800
⑤ 9450

3 計算(けいさん)をしましょう。　教 下79ページ⑩　50点(1つ10)

① 800＋700　② 600＋500　③ 700＋700

④ 900＋800　⑤ 200＋900

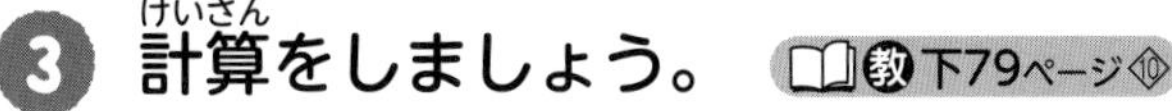

教科書 下77～79ページ

合かく 80点 ／100

月　日

サクッとこたえあわせ

答え 95ページ

16 図をつかって考えよう ……(1)

[ぜんぶの数は図のはしからはしまでであらわされます。]

1 みかんが 15 こありました。何こか買ってきたので、ぜんぶで 21 こになりました。買ってきたみかんは何こでしょうか。□にあてはまる数を書きましょう。 教 下86～87ページ 20点(1つ5)

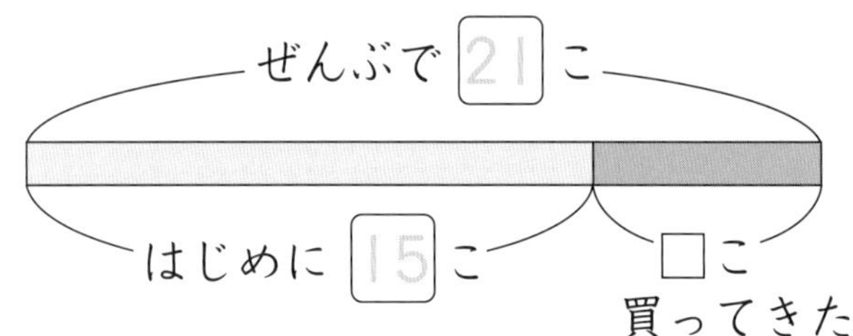

式 21－15＝□

答え □こ

2 はがきが 13 まいありました。何まいか買ってきたので、ぜんぶで 25 まいになりました。買ってきたはがきは何まいでしょうか。□にあてはまる数を書きましょう。 教 下86～87ページ 50点(1つ10)

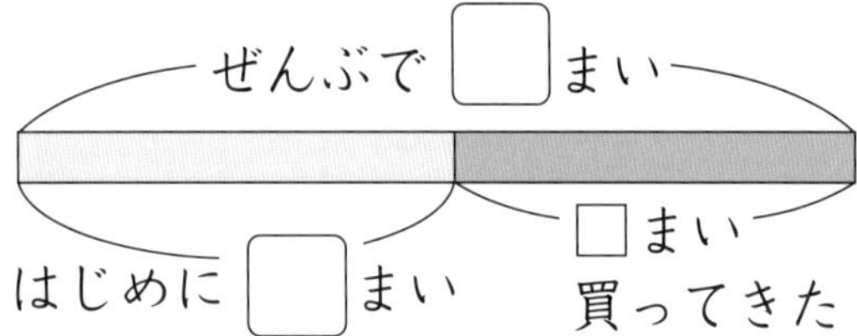

式 25－□＝□

答え □まい

よくよんで！

3 ちょ金ばこに何円かありました。15 円入れたので、ぜんぶで 50 円になりました。 教 下86～87ページ

① 図の□にあてはまる数を書きましょう。 10点(1つ5)

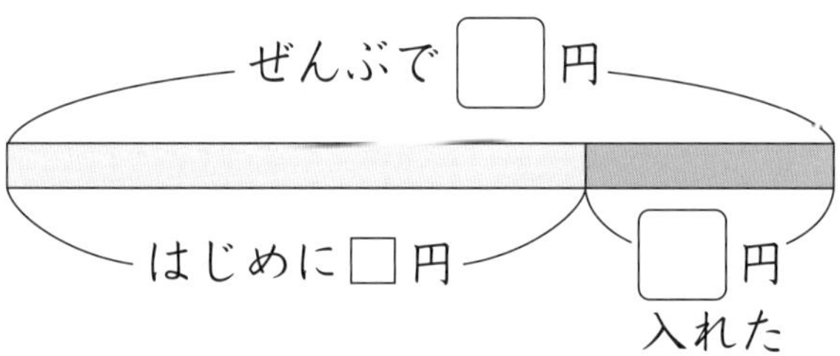

② はじめに何円あったでしょうか。 20点(式10・答え10)

式（　　　　　　　　）　　答え（　　　　）

教科書 下85～87ページ

合かく 80点 /100

月　日

サクッとこたえあわせ

答え 95ページ

16　図をつかって考えよう ……(2)

[はじめの数がまだわからないもんだいを図にあらわします。]

1 いちごが何こかありました。4こ食べたので、のこりが7こになりました。はじめにいちごは何こあったでしょうか。□にあてはまる数を書きましょう。 教 下88～89ページ2 20点(1つ5)

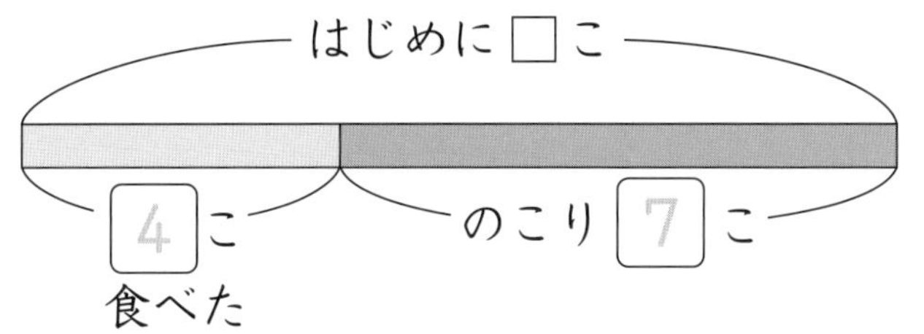

式　4＋7＝□

答え □こ

2 カードが何まいかありました。5まいあげたので、のこりが14まいになりました。はじめにカードは何まいあったでしょうか。□にあてはまる数を書きましょう。 教 下88～89ページ2 50点(1つ10)

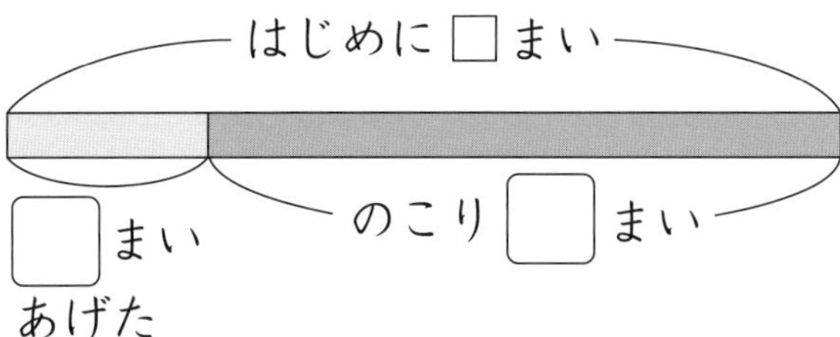

式　5＋□＝□

答え □まい

よくよんで！

3 リボンが何cmかありました。9cmつかったので、のこりが16cmになりました。 教 下88～89ページ2

① 図の□にあてはまる数を書きましょう。 10点

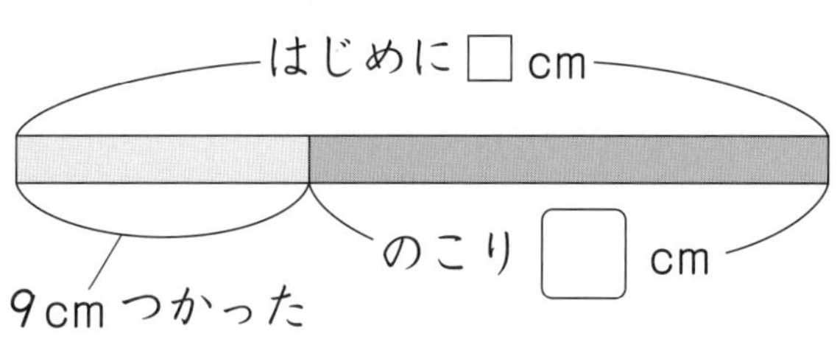

② はじめにリボンは何cmあったでしょうか。 20点(式10・答え10)

式（　　　　　　　　）　　答え（　　　　）

教科書 下88～89ページ

合かく 80点 /100

月 日

答え 95ページ

サクッとこたえあわせ

16 図をつかって考えよう ……(3)

[よく読んで、図にあらわして、式を考えます。]

よくよんで！

1 おり紙が31まいあります。何まいかつかったので、のこりが20まいになりました。 教 下90ページ3

① 下の図の□にあてはまることばを□の中からえらんで書きましょう。 30点(1つ10)

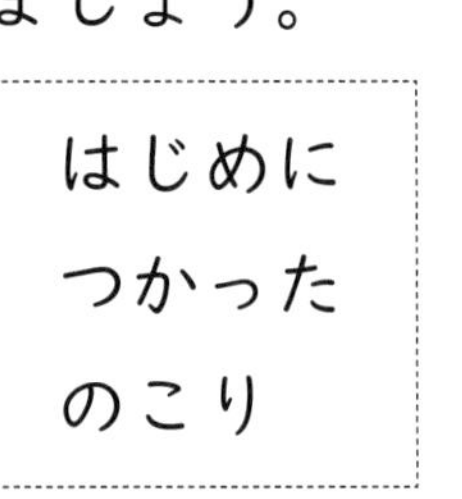

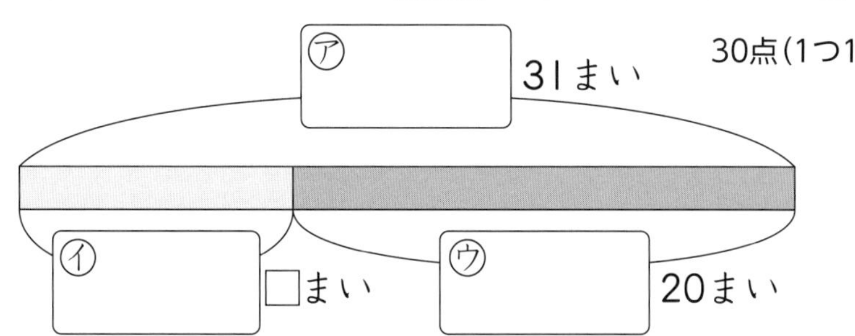

② つかったおり紙は何まいでしょうか。 20点(式10・答え10)

式（ ）

答え（ ）

よくよんで！

2 子どもが28人いました。何人か帰ったので、のこりが19人になりました。 教 下90ページ④

① 下の図の□にあてはまることばを□の中からえらんで書きましょう。 30点(1つ10)

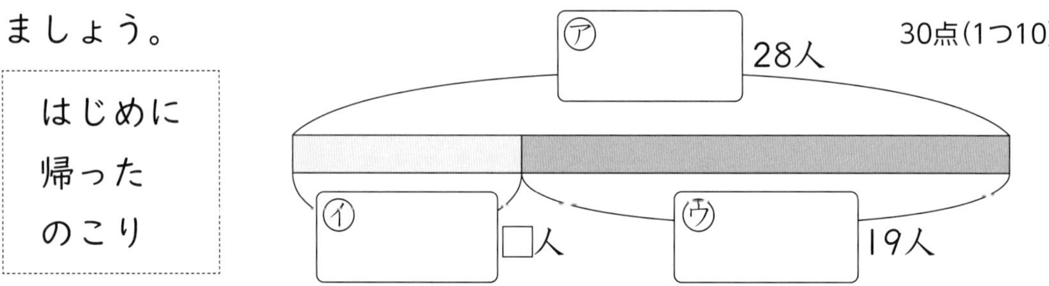

② 帰った子どもは何人でしょうか。 20点(式10・答え10)

式（ ）

答え（ ）

教科書 下90ページ

17　1を分けて

合かく 80点　／100

サクッとこたえあわせ

[もとの大きさを何等分した1つ分かを考えます。]

1 色をぬったところが全体の $\frac{1}{2}$ になっている図をえらびましょう。

教 下95ページ① 15点

㋐

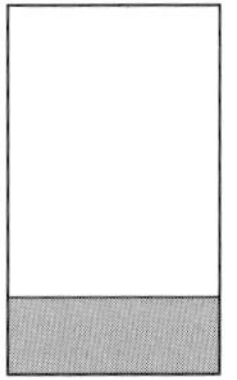
㋑

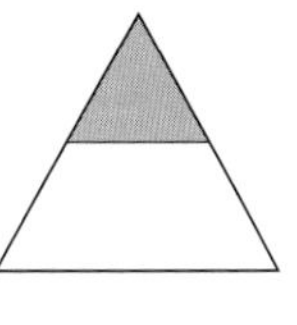
㋒

（　　　　）

2 色をぬったところの大きさを、分数であらわしましょう。

教 下96ページ②、③ 45点(1つ15)

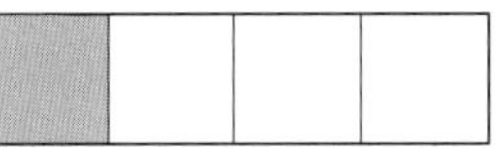
①

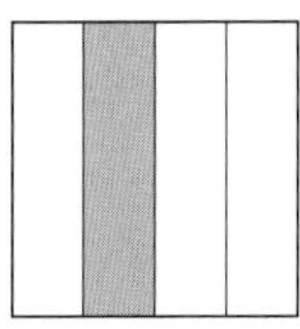
②

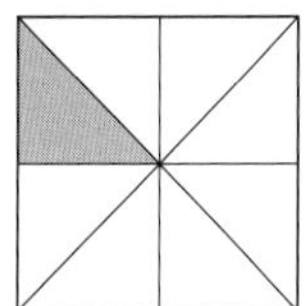
③

（　　）　（　　）　（　　）

3 りくさんとあきさんが、それぞれテープを切って、もとの長さの $\frac{1}{2}$ にしました。□にあてはまる数を書きましょう。 教 下97ページ4 40点(1つ20)

りく

あき

① りくさんのもとのテープの長さは、8cmでした。このテープの $\frac{1}{2}$ の長さは□cmです。

② あきさんが $\frac{1}{2}$ にしたテープの長さは、3cmでした。このテープのもとの長さは□cmです。

教科書 下92～98ページ

学年まつの
ホームテスト
78。

合かく 80点　　／100

月　日

長さ／100より　大きい　数／たし算と　ひき算／時こくと　時間

1 □にあてはまる数を書きましょう。　10点(1つ5)

① 1cm＝□mm　　② 4cm8mm＝□mm

2 つぎの数を書きましょう。　10点(1つ5)

① 100を6こと、10を1こと、1を9こあわせた数　（　　）

② 100を10こあつめた数　（　　）

3 計算をしましょう。　60点(1つ10)

① 27＋64　　② 32＋89　　③ 685＋7

④ 76－18　　⑤ 123－59　　⑥ 531－16

よくよんで！

4 100cmのリボンから53cm切りとりました。のこりは何cmでしょうか。　10点(式5・答え5)

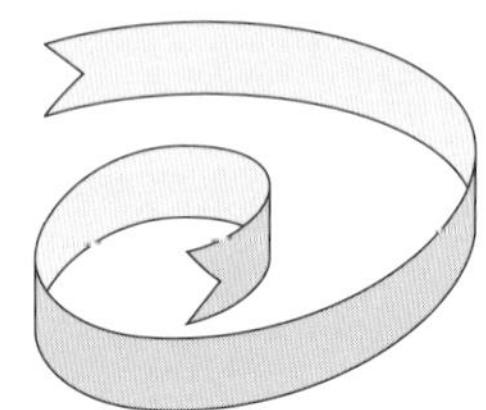

式（　　　　）

答え（　　）

5 □にあてはまる数を書きましょう。　10点(1つ5)

① 1時間＝□分間　　② 1日＝□時間

学年まつのホームテスト 79

時間 15分　合かく 80点　／100

月　日

答え 96ページ　サクッとこたえあわせ

水のかさ／三角形と四角形／かけ算

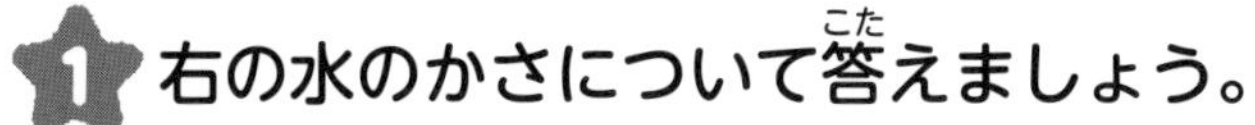

1 右の水のかさについて答えましょう。　20点(1つ10)

① 何L何dLでしょうか。　(　　　)

② 3Lより何mL少ないでしょうか。　(　　　)

よくよんで！

2 水がポットに3L5dL、やかんに2L入っています。あわせて何L何dLでしょうか。　10点

(　　　)

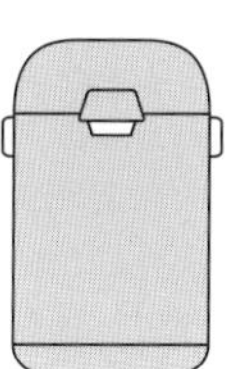

3 三角形と四角形に分けましょう。　20点(1つ10)

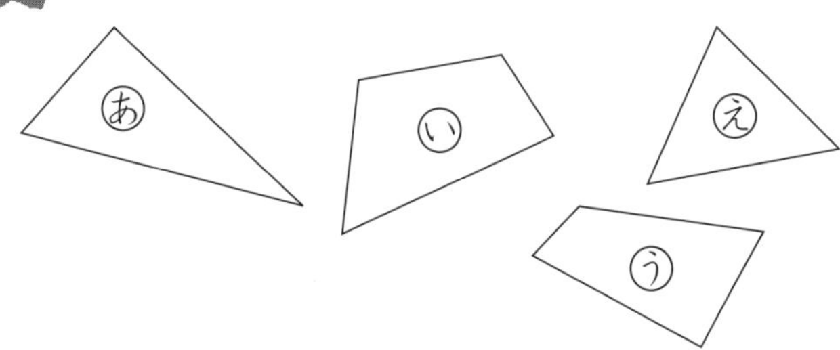

三角形 (　　　)

四角形 (　　　)

4 計算をしましょう。　30点(1つ5)

① 2×4　② 5×2　③ 9×3

④ 3×6　⑤ 4×9　⑥ 7×7

よくよんで！

5 1ふくろにあめが8こずつ入っています。5ふくろではあめは何こあるでしょうか。　20点(式10・答え10)

式 (　　　)

答え (　　　)

時間 15分　合かく 80点　／100

月　日

サクッとこたえあわせ　答え 96ページ

長いものの長さ／はこの形／1000より大きい数／図をつかって考えよう／1を分けて

1 □にあてはまる数を書きましょう。　20点(1つ10)

①　1 m 63 cm＝□cm　⚠ミスにちゅうい！ ②　105 cm＝□m□cm

2 はこの形には、面、辺、ちょう点はいくつあるでしょうか。　15点(1つ5)

面（　　）　辺（　　）　ちょう点（　　）

3 つぎの数を書きましょう。　30点(1つ10)

①　3000と25をあわせた数（　　）

②　100を78こあつめた数（　　）

③　9000より1000大きい数（　　）

よくよんで！

4 本が何さつかありました。人に7さつかしたので、のこりが18さつになりました。図のㇵ、ㇶ、ㇷにあてはまることばを□からえらんで書きましょう。　15点(1つ5)

はじめに　かした　のこり

㋐（　　）　㋑（　　）

㋒（　　）

5 色をぬったところの大きさを、分数であらわしましょう。　20点(1つ10)

①

（　　）

②

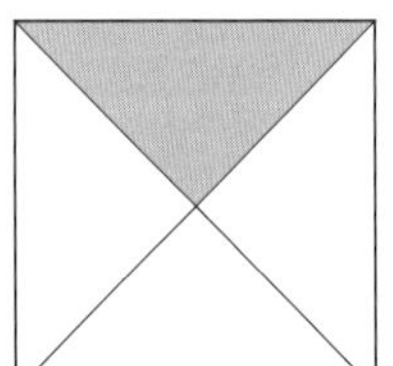

（　　）

●ドリルやテストがおわったら、うしろの「がんばりひょう」にシールをはりましょう。
●まちがえたら、かならずやり直しましょう。「考え方」もよみ直しましょう。

1. 1　表と　グラフ　1ページ

❶ ①右のグラフ

			○
		○	○
○		○	○
○	○	○	○
○	○	○	○
○	○	○	○
うさぎ	かえる	あひる	さる

②

どうぶつ	うさぎ	かえる	あひる	さる
数	4	3	5	6

③さる

考え方 ❶ ②かえるは、はっぱの上に2ひき、水の中に1ぴき、あわせて3びきいます。

2. 2　たし算　2ページ

❶ ①じゅんに　3、10、30、7、37
②じゅんに　3、7、30、7、37

考え方 ❶ ②十の位どうし、一の位どうしを計算します。十の位の計算の2＋1＝3は、10が3こといういみです。

3. 2　たし算　3ページ

❶ ②8　③3

❷ ①
	1	4
＋	2	1
	3	5

②
	2	3
＋	3	2
	5	5

③
	3	6
＋	2	2
	5	8

❸ 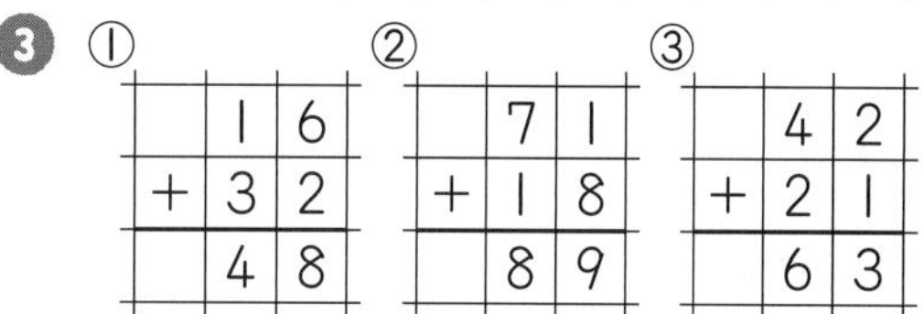

考え方 ❸ ① 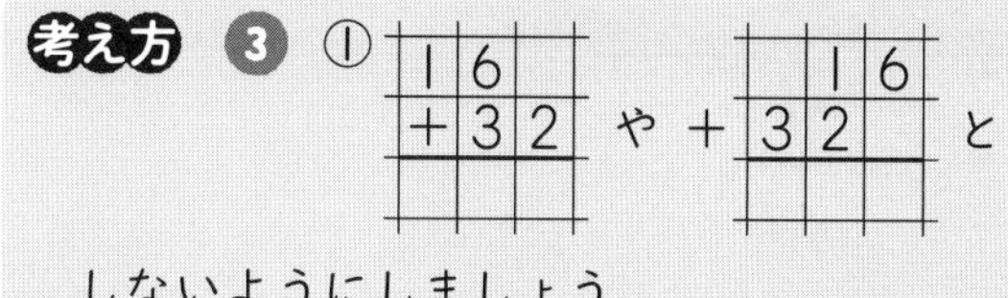 としないようにしましょう。

おうちのかたへ ノートのます目を利用して位をたてにそろえるようにしましょう。

4. 2　たし算　4ページ

❶ ②13、1　③4、4

❷ ①
	1	
	2	9
＋	1	5
	4	4

②
	1	
	3	5
＋	2	7
	6	2

③
	1	
	4	3
＋	3	9
	8	2

❸ 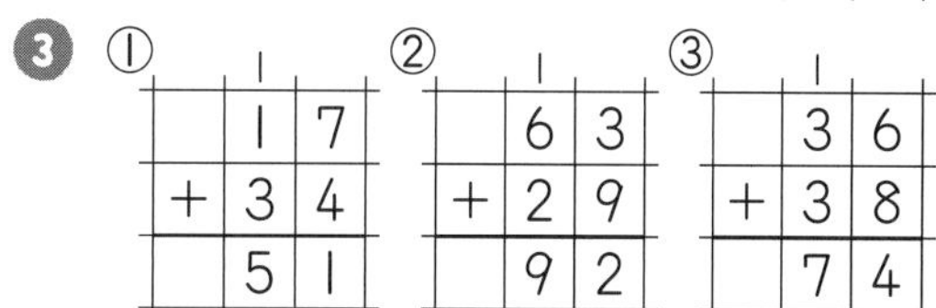

考え方 くり上げた1をわすれないように、1を小さく書いておきましょう。 ❸ ①

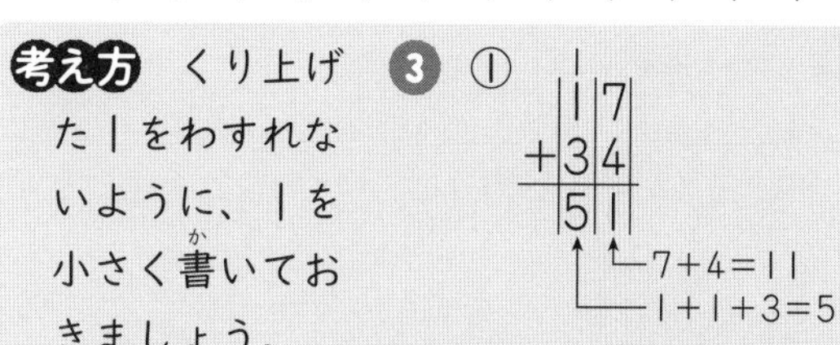

5 2 たし算 5ページ

❶

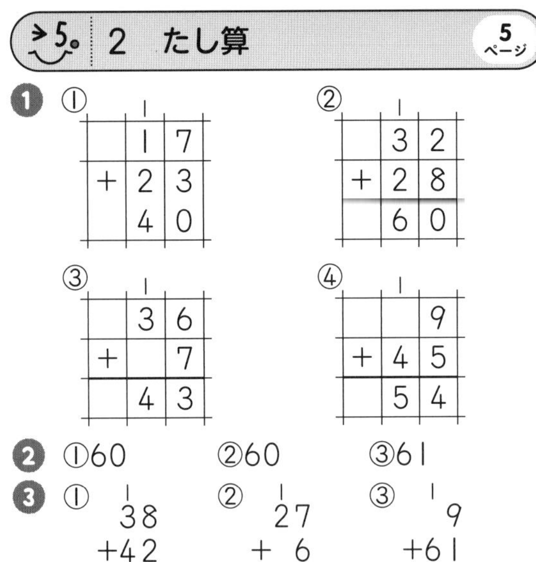

①
	1	7
＋	2	3
	4	0

②
	3	2
＋	2	8
	6	0

③
	3	6
＋		7
	4	3

④
		9
＋	4	5
	5	4

❷ ①60　②60　③61

❸ ① 38＋42＝80　② 27＋6＝33　③ 9＋61＝70

考え方 ❸ ①一の位(くらい)は0になります。
②、③位をそろえて書(か)きます。

6 2 たし算 6ページ

❶ かよ…21、21
たかし…21、21

❷ ①あ…74　②あ…33
い…74　い…33
○　○

❸ ①14　②28

考え方 ❸ ①14＋40 の 40 はたす数(かず)です。40＋□の 40 はたされる数です。入れかわっていますね。

7 2 たし算 7ページ

❶ ①39　②72　③29
④55　⑤80　⑥70

❷ ①×　②○

❸ ① 2[4]＋[1]5＝39　② 37＋2[6]＝[6]3

❹ 式(しき) 24＋28＝52

答(こた)え 52円

考え方 ❷ ①あの答えは 71、いの答えは 44。
②たされる数とたす数が入れかわっているので、答えは同(おな)じです。

❸ ①一の位は、□＋5＝9 だから、□は4。
十の位は、2＋□＝3 だから、□は1。
②一の位は、7＋□＝13 だから、□は6。
十の位は1くり上がっているので、
1＋3＋2＝□で、□は6。

❹ 24＋28＝52

おうちのかたへ たし算の筆算で大切なことは、位をたてにそろえて書くこと、一の位の計算で、10 のまとまりができたら十の位にくり上げて計算することです。

8 3 ひき算 8ページ

❶ ①じゅんに　30、3、20、6、26
②じゅんに　2、6、20、6、26

考え方 ❶ ②たし算(ざん)と同じように、十の位どうし、一の位どうしを計算(けいさん)します。十の位の計算の3－1＝2 は、10 が2こというい みです。20 と6をあわせて 26 です。

9 3 ひき算 9ページ

❶ ②2　③2

❷

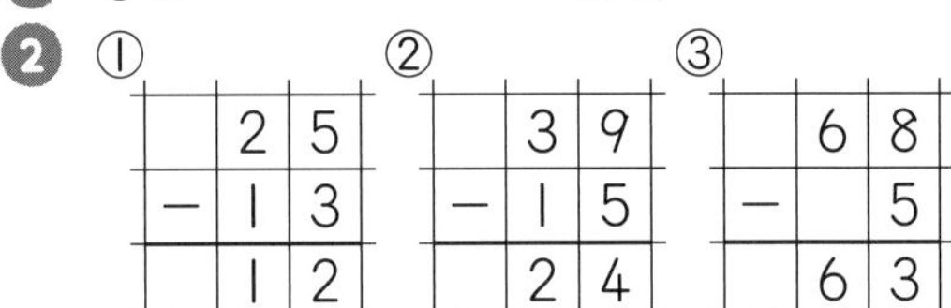

①
	2	5
－	1	3
	1	2

②
	3	9
－	1	5
	2	4

③
	6	8
－		5
	6	3

❸

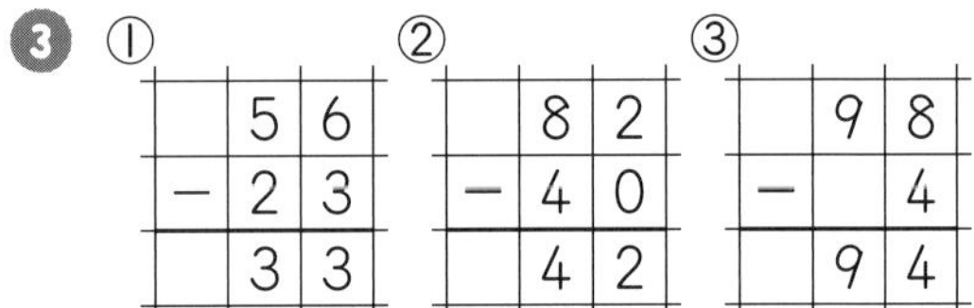

①
	5	6
－	2	3
	3	3

②
	8	2
－	4	0
	4	2

③
	9	8
－		4
	9	4

考え方 たし算の筆算(ひっさん)と同じように、位をたてにそろえて書き、一の位からじゅんに計算していきます。

 3　ひき算　10ページ

❶ ②じゅんに　1、7
③じゅんに　2、1

❷ ①　②　③

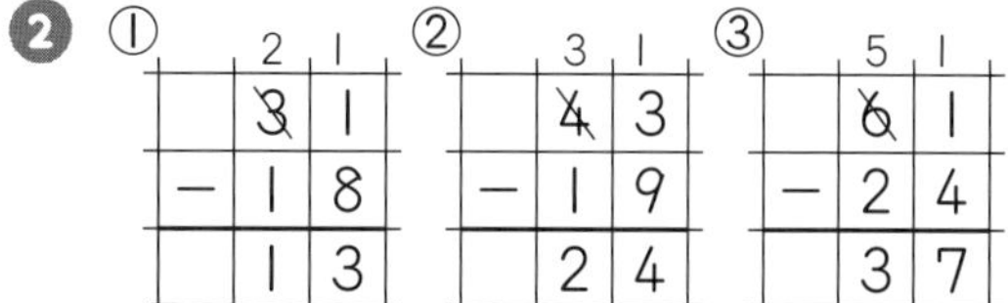

❸ ①　②　③

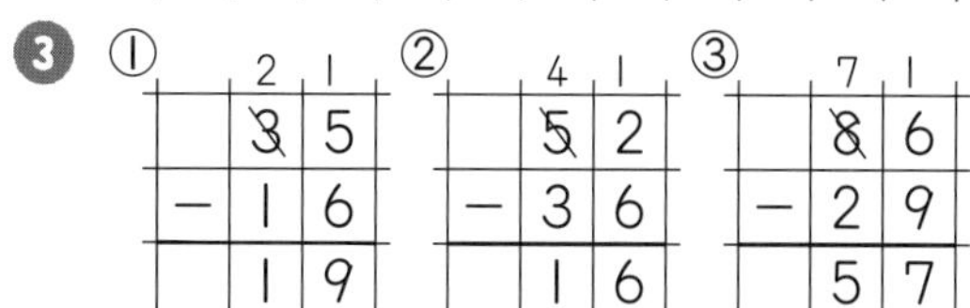

考え方 ❷ ①

2 1
31
−18
13

1くり下げたので2になる。
11−8=3
2−1=1

11.　3　ひき算　11ページ

❶ ①　②

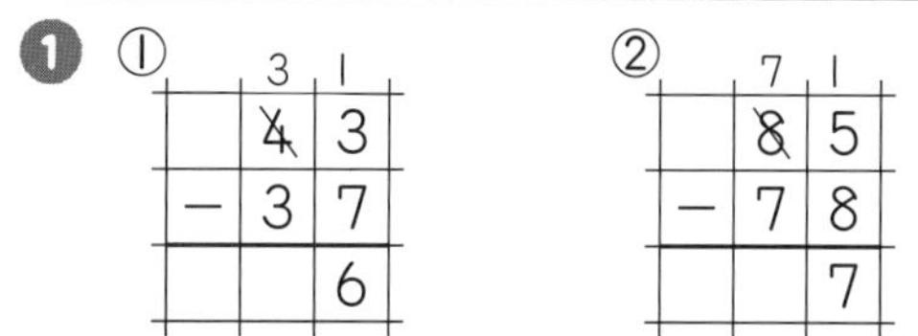

③　④

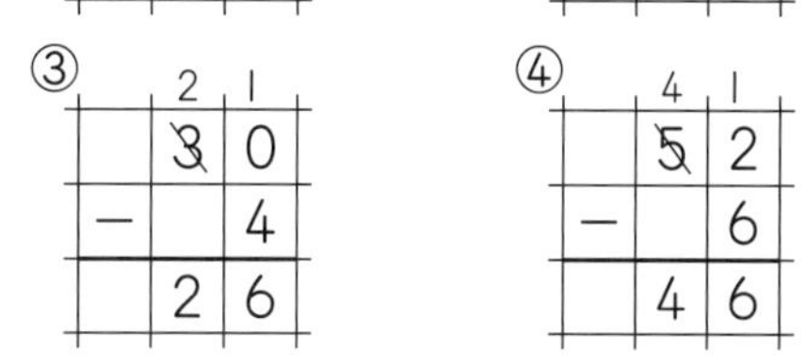

❷ ①4　②9　③62

❸ ①
8 1
96
−87
9

②
3 1
40
− 5
35

③
1 1
23
− 9
14

考え方 ❶ ①、②十の位(くらい)が0になったときは、答(こた)えの0をけしておきます。

②
7 1
85
−78
7

15−8=7
7−7=0

③
2 1
30
− 4
26

10−4=6
2−0=2

12.　3　ひき算　12ページ

❶ じゅんに　16、16、
21、21

❷ ①答え　32　たしかめ　32+5=37
②答え　42　たしかめ　42+12=54
③答え　18　たしかめ　18+29=47
④答え　36　たしかめ　36+35=71
⑤答え　9　たしかめ　9+51=60
⑥答え　82　たしかめ　82+8=90

考え方 ひき算(さん)の答えのたしかめは、つぎの式(しき)でできます。
答え＋ひく数(かず)＝ひかれる数

おうちのかたへ 答え＋ひく数＝ひかれる数ですから、この式を使って、ひき算の答えが正しいかどうかを確かめることができます。

13.　3　ひき算　13ページ

❶ ①42　②32　③27
④46　⑤7　⑥47

❷ 19、36

❸ ①　②

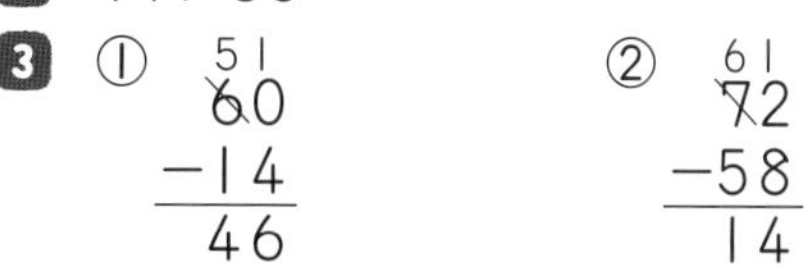

❹ ①
48
−3[2]
[1]6

②
7[2]
−[5]5
17

考え方 ❸ ②一の位で、下の数から上の数をひいてはいけません。
❹ ①一の位は、8−□=6 だから、□は2です。十の位は、4−3=1
②一の位は、1□−5=7 だから、□は2です。十の位は1くり下げたから、6−□=1 で、□は5です。

おうちのかたへ 答えの確かめをしましょう。
たし算の確かめの式
たす数＋たされる数＝答え
ひき算の確かめの式
答え＋ひく数＝ひかれる数

14。 4 長さ 14ページ

❶ じゅんに　8、1、8、8

❷ ①13
②20

❸ ①6cm　　②3cm

考え方 長さ(なが)は、1cmの□こ分(ぶん)で「□cm」とあらわします。
❸ ② 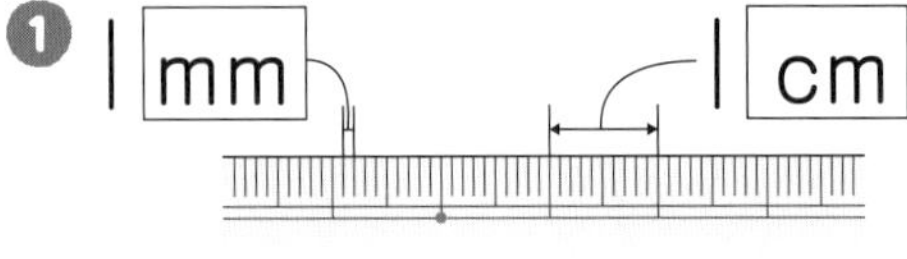 1cmの3めもり分だから、3cm

おうちのかたへ 長さを表したり比べたりするときは、あるきまった長さのいくつ分かで考えます。このときのきまった長さの1つに1センチメートル(1cm)があります。

15。 4 長さ 15ページ

❶ 1 mm　　1 cm

❷ ①3cm8mm　38mm　　②8cm5mm　85mm

❸ ①10　　②2
③53　　④4、9

❹ ①7cmに○　　②12mmに○

考え方 長さのたんいには、cmとmmがあります。1cm、1mmのだいたいの長さをおぼえましょう。
❷ ①3cmと8mmで、3cm8mmです。3cmは30mmだから、3cm8mmは30mmと8mmで38mm
❸ ③5cm3mm→5cmと3mm
↓
50mmと3mm→53mm
❹ ①7cm＝70mm
②12mm＝1cm2mm

16。 4 長さ 16ページ

❶ ①7cm5mm
②8cm2mm

❷ ㋐3cm
㋑4cm5mm
㋒2cm2mm

❸ ①
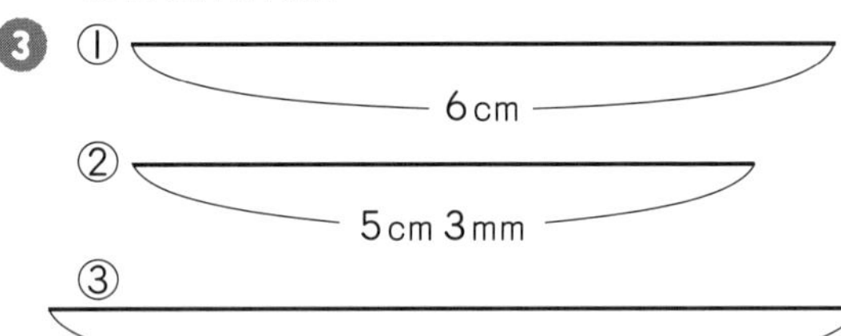

③
69mm

考え方 ❶ ②ものさしのとちゅうからでもはかることができます。1cmが8こ分と2mmで、8cm2mmです。

おうちのかたへ 1mmや1cmや10cmがどのくらいの長さか、いろいろなものをものさしではかって、わかるようにしておきましょう。指を開いて、はしからはしまでの長さをはかり、同じ長さの直線をかいてみましょう。

17。 4 長さ 17ページ

❶ ①6cm
②式(しき)　3cm＋[2]cm＝[5]cm
答(こた)え　[5]cm
③式　6cm－5cm＝1cm
答え　㋐が1cm長い

❷ ①7cm　　②6cm
③5cm5mm　　④1cm6mm

考え方 ❶ 長さもたし算(ざん)やひき算をつかって計算(けいさん)することができます。
㋑のように、おれている線の長さは、2本の直線(ちょくせん)の長さをたしてもとめます。

18. 5 100より 大きい 数 18ページ

❶ じゅんに 200、243
❷ 325まい
❸ 7
❹ ①537 ②946
❺ 617

考え方 ❷ 100まいが3こで300まい。300まいと25まいで325まいです。
❺ 600と10と7で617です。

19. 5 100より 大きい 数 19ページ

❶ じゅんに 300、308
❷ ①506 ②710
❸ ①702 ②850
❹ ①> ②<
③< ④>

考え方 ❸ ①10が0こだから、十の位(くらい)は0です。
②1が0こだから、一の位は0です。
❹ ①百の位の数字(すうじ)が大きいほうが大きな数(かず)です。
②百の位の数字が同(おな)じときは、十の位の数字をくらべます。
④3けたと2けたとでは、3けたの数のほうが大きいです。

おうちのかたへ 506は、100を5こと、10を0こと、1を6こあわせた数です。また、710は、100を7こと、10を1こと、1を0こあわせた数です。
「100を7こと、1を2こあわせた数」は、「100を7こと、10を0こと、1を2こあわせた数」と考えることができます。同じように、「100を8こと、10を5こあわせた数」は、「100を8こと、10を5こと、1を0こあわせた数」と考えます。702や850の数の中の0は、それぞれの位の数が0こであることを表しています。

20. 5 100より 大きい 数 20ページ

❶ ①10
②

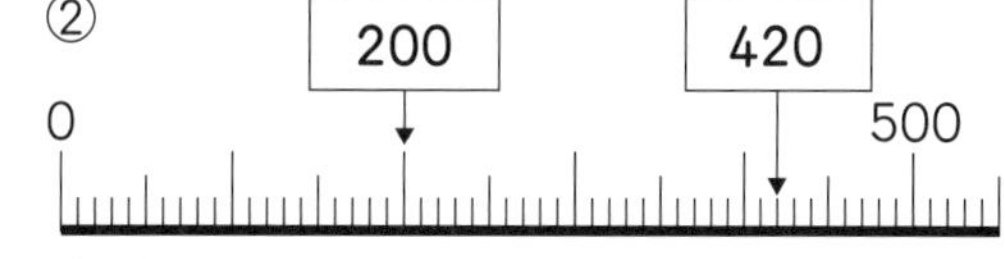

③380
④350
❷ ①じゅんに 10、30、40、50
②じゅんに 216、217、218、220
③じゅんに 550、565

考え方 ❶ ①大きい1めもりは100、小さい1めもりは10をあらわしています。
③、④

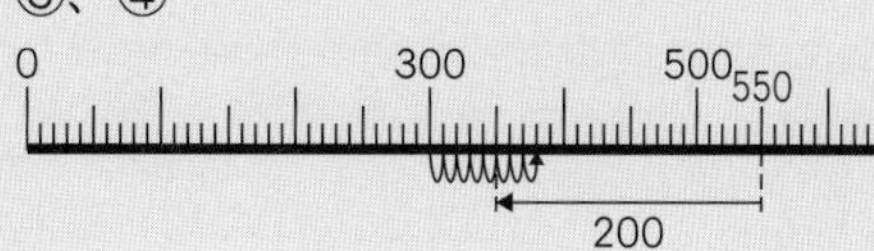

❷ ③1めもりは、5をあらわしています。540のつぎは545、550、555、560、565、570…とつづいていきます。

21. 5 100より 大きい 数 21ページ

❶ ①180 ②230 ③510
④600 ⑤800
❷ ①19 ②34 ③67
④70 ⑤90

考え方 ❶ ②

10を23こ〈10を20こ→200 / 10を 3こ→ 30〉230

❷ ②

340〈300→10を30こ / 40→10を 4こ〉10を34こ

22。 5 100より 大きい 数 22ページ

❶ ①1000　②900

❷ ①じゅんに 4、6、8

②じゅんに 4、6、8

❸ ①1000　②1000

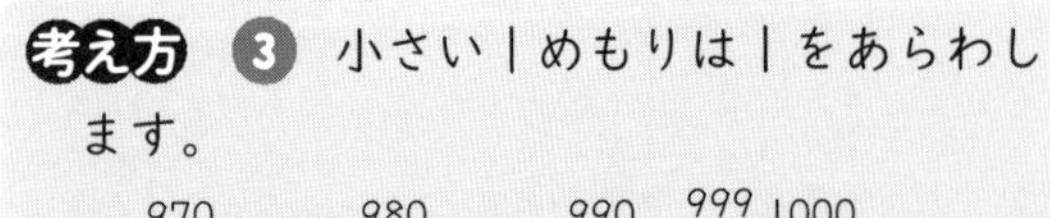

考え方 ❸ 小さい1めもりは1をあらわします。

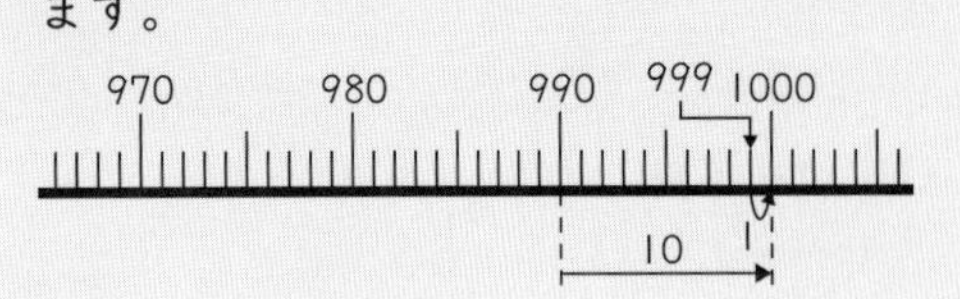

おうちのかたへ 数直線の問題は、1めもりがいくつを表しているかを考えることが大切です。

23。 5 100より 大きい 数 23ページ

❶ じゅんに 5、8、13、130

❷ じゅんに 13、4、9、90

❸ ①110　②110　③140

④80　⑤60　⑥90

考え方 ❶ 10のまとまりで考えます。

50 + 80 = 130

↓　↓　↑

10が、5こ+8こ=13こ

24。 5 100より 大きい 数 24ページ

❶ 100、5、3、8

800

❷ 3、7

10、2

3、5

350

❸ ①600　②1000

③400　④800

⑤460　⑥850

⑦800　⑧720

考え方 ❸ ②100のまとまりが、7+3=10で10こだから、1000です。

⑦ 100 100 100 100 100 100 100 100 10 10 10 10

25。 6 たし算と ひき算 25ページ

❶ ②4

③じゅんに 2、1、124

❷ ①115　②156　③138

④121　⑤108　⑥107

⑦

	6	2
+	7	0
1	3	2

⑧

	9	4
+	8	5
1	7	9

考え方 十の位(くらい)の計算(けいさん)で、百の位にくり上がるたし算(ざん)です。一の位、十の位のじゅんに計算します。

❷ ⑧

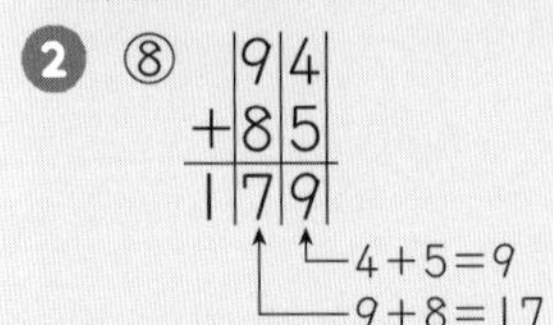

26。 6 たし算と ひき算 26ページ

❶ ①3

②じゅんに 4、1、143

❷ ①144　②162　③121

④141　⑤150　⑥120

⑦

	1	
	7	6
+	5	7
1	3	3

⑧

	1	
	9	9
+	8	5
1	8	4

考え方 くり上がりが2回(かい)あるたし算です。

❷ ⑧

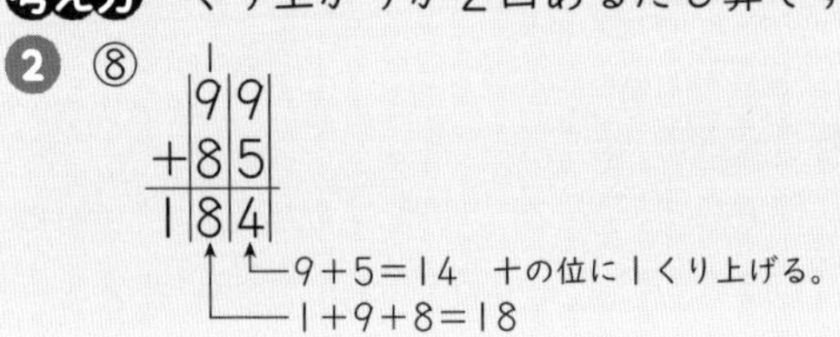

27。 6 たし算と ひき算 27ページ

❶ ①

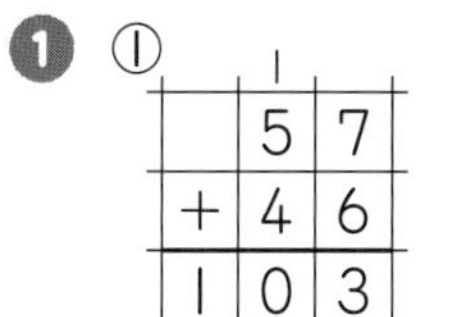

②

	9	4
+		8
1	0	2

③

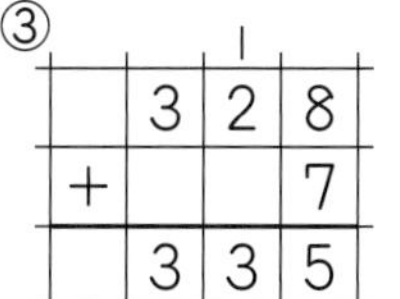

④

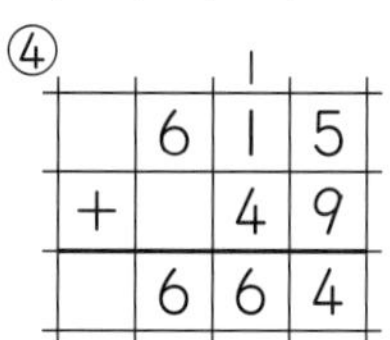

❷ ①101 ②103 ③473

④ 13 + 88 = 101　⑤ 6 + 94 = 100　⑥ 847 + 23 = 870

考え方 位がたてにそろうように書きます。

❷ ④

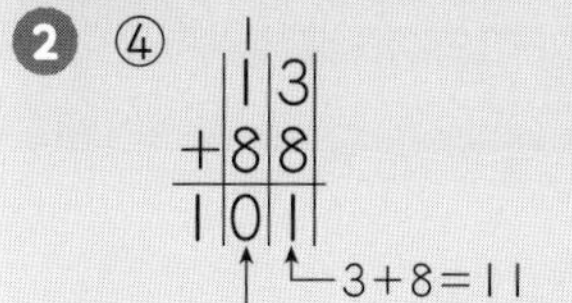

⑤

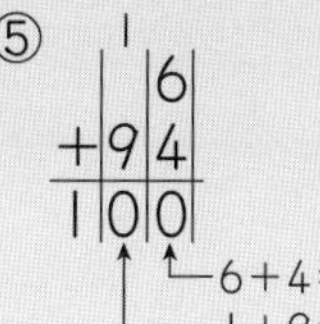

おうちのかたへ 3けた＋1けた、3けた＋2けたの計算も、2けた＋1けた、2けた＋2けたと同じように考えて計算することができます。くり上がりに気をつけましょう。

28。 6 たし算と ひき算 28ページ

❶ ②6 ③じゅんに 1、8、86

❷ ①85 ②21 ③94 ④74 ⑤84 ⑥56

⑦

	1	1	8
−		3	3
		8	5

⑧

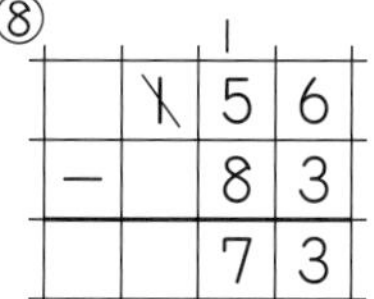

考え方

❷ ④

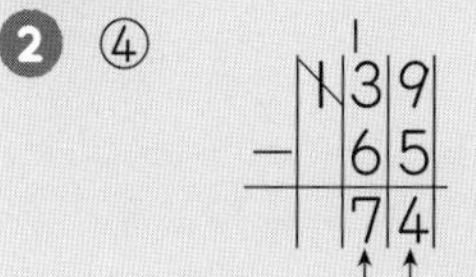

⑥

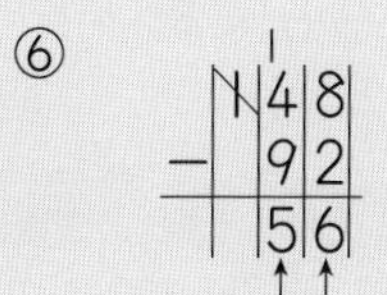

29。 6 たし算と ひき算 29ページ

❶ ①9 ②じゅんに 6、8、89

❷ ①65 ②59 ③58 ④67

⑤ ⑥

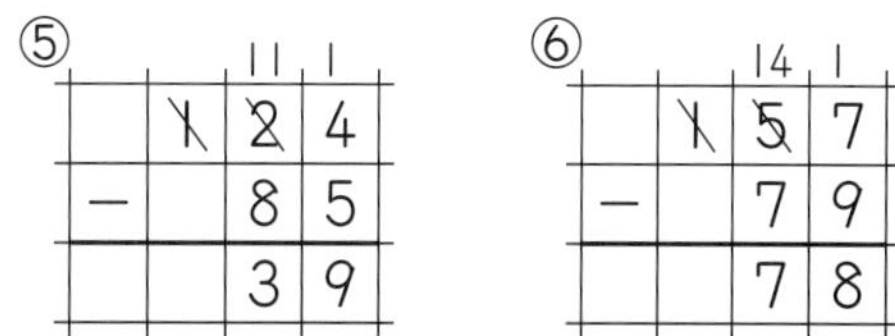

考え方 くり下がりが2回あるひき算です。

❷ ③ ④

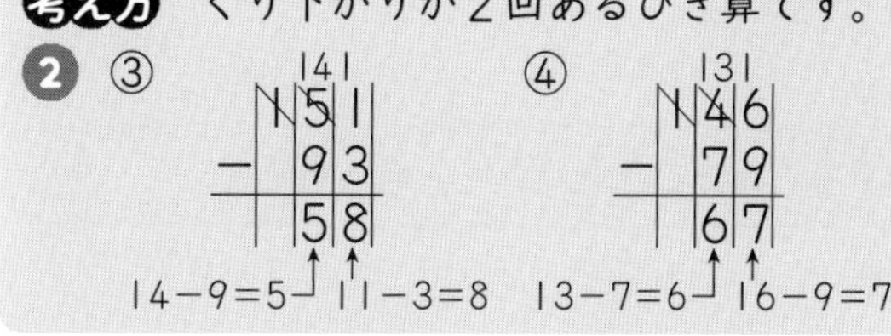

30。 6 たし算と ひき算 30ページ

❶ ①7 ②じゅんに 9、5、57

❷ ①44 ②77 ③19 ④67

⑤ ⑥

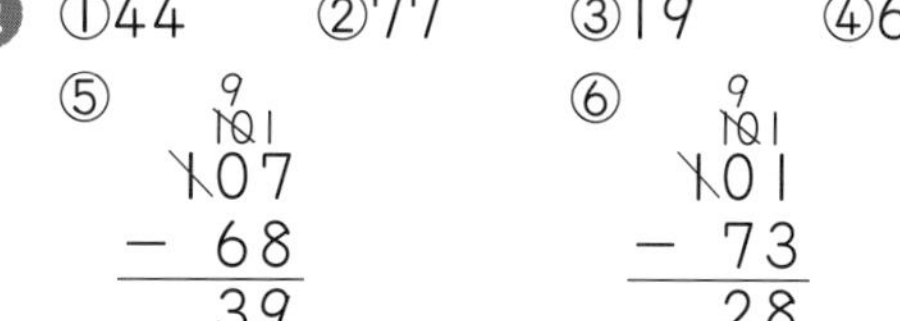

考え方 ❷ 十の位が0のときは、百の位からじゅんにくり下げます。

①

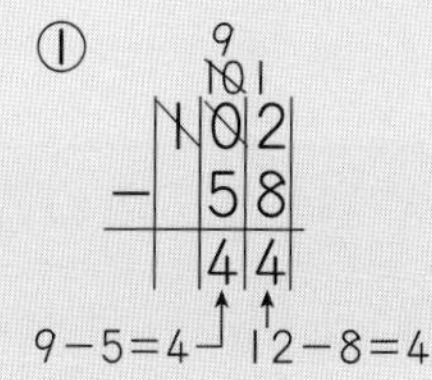

31。 6 たし算と ひき算 31ページ

❶ ① ② ③ ④

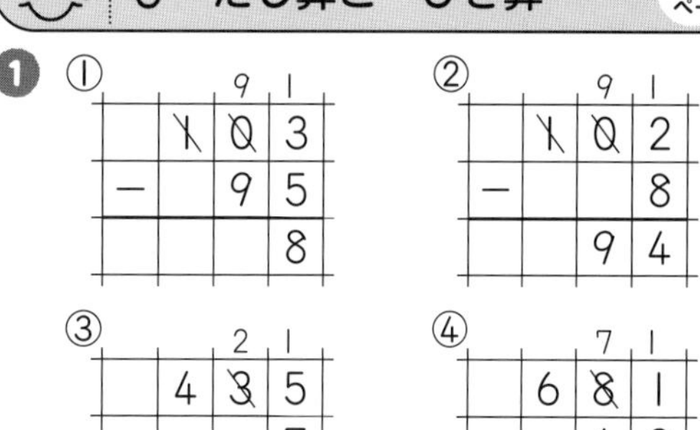

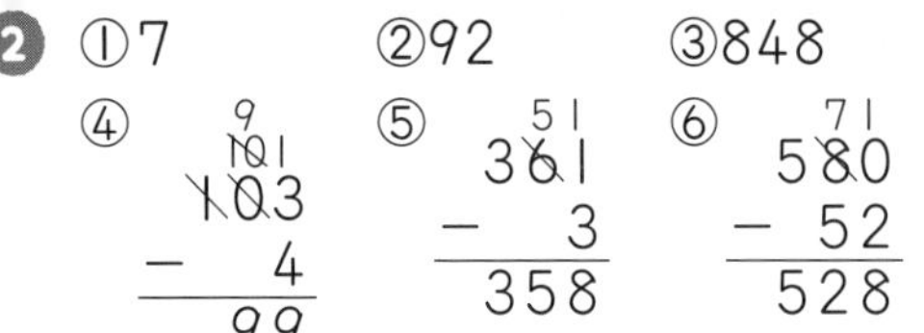

②7　②92　③848

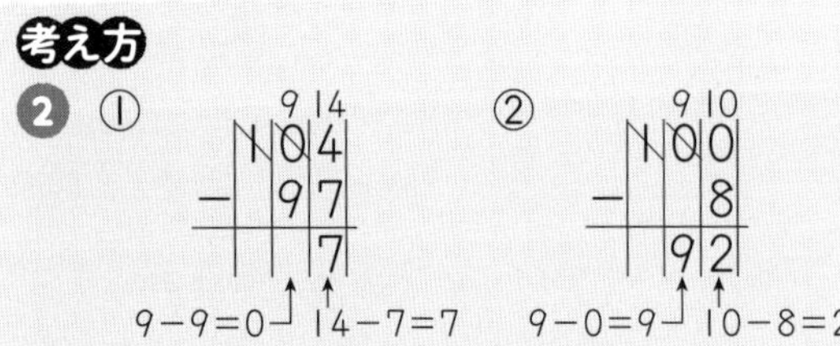

④ 103−4=99　⑤ 361−3=358　⑥ 580−52=528

考え方 ② ① 104−97=7（9−9=0、14−7=7）　② 100−8=92（9−0=9、10−8=2）

32. 6　たし算と　ひき算　32ページ

❶ やすこ…29
かずや…29

❷ あ…66　い…66　○

❸ ①37　②73
③76　④85

考え方 ❸ ②43＋24＋6＝73（24＋6→30）
③36 と 15 を入れかえます。
25＋15＋36＝76（25＋15→40）

33. 6　たし算と　ひき算　33ページ

❶ ①127　②161　③107
④686　⑤76　⑥68
⑦5　⑧249

❷ 式　100−58＝42　答え　42円

❸ じゅんに　106、68、155

考え方 ❸ 57＋49＝106
106−38＝68　68＋87＝155

おうちのかたへ　筆算で計算するときは、位をたてにそろえて書き、くり上がり、くり下がりに気をつけます。

34. 6　たし算と　ひき算　34ページ

❶ ①176　②152　③104
④470　⑤61　⑥48
⑦97　⑧735　⑨723

❷ 式　89＋91＝180　答え　180人

❸ ① 46＋7[5]＝121　② 1[2]3−57＝66

考え方 ❸ ①一の位は、6＋□＝11 だから、□は5
②十の位は、1くり下がっているから、1□−5−1＝6 だから、□は2

おうちのかたへ　ひき算のときは、答えを確かめる習慣をつけましょう。

35. 何人　いるかな　35ページ

❶ ①6人
②式　5＋7−1＝11
答え　11人

❷ ①4番め
②7
③式　3＋1＋7＝11
答え　11人

考え方 「〜番め」というときは、かさなりのあるときがあるので、図をかいて考えます。
❶ ①7−1＝6（人）
②式は、5＋6＝11 としてもよいです。
❷ ①3＋1＝4（番め）
③式は、4＋7＝11 としてもよいです。

36. 7　時こくと　時間　36ページ

❶ 15分間

❷ ①60分間　②20分間
③6時50分

❸ ①90　②1、20

考え方 ❷ ①長いはりがひとまわりしたので、60分間です。
③おふろから出たのが、6時30分なので、20分後は6時50分です。

37. 7 時こくと 時間 37ページ

❶ ①午前7時 ②午後7時 ③午後9時
❷ ①3時間 ②2時間
❸ ①24 ②12、12

考え方 ❶ ①、②7時は、午前に1回、午後に1回あります。
❷ ②午前10時から正午までの時間は、2時間です。
❸ 午前は12時間、午後は12時間で、1日は24時間です。

38. 表と グラフ/たし算 38ページ

★1 ①

花	スイセン	パンジー	チューリップ	ヒヤシンス
本数	4	6	5	3

②チューリップ
③ヒヤシンス

	○		
	○	○	
○	○	○	
○	○	○	○
○	○	○	○
○	○	○	○
スイセン	パンジー	チューリップ	ヒヤシンス

★2 ①46 ②82 ③90
④83 ⑤82 ⑥60
★3 式 58+32=90
答え 90円

考え方 ★1 ①グラフからチューリップは5本とわかります。

39. ひき算/長さ/100より 大きい 数 39ページ

★1 式 34−15=19 答え 19こ
★2 式 5cm−4cm=1cm 答え 1cm
★3 ①365 ②760 ③890
★4 ①< ②<

考え方 ★2 ㋐は3cmと2cmの直線をあわせた長さで、5cmです。㋑は4cmです。
★4 ①百の位の数字からくらべます。

40. たし算と ひき算/時こくと 時間 40ページ

★1 ①176 ②100 ③291
④36 ⑤55 ⑥556
★2 式 114−95=19 答え 19こ
★3 ①午前6時10分
②午後8時50分
★4 15分間

おうちのかたへ くり上がり、くり下がりに気をつけて計算しましょう。計算したあとは、答えの確かめをするようにしましょう。

41. 8 水のかさ 41ページ

❶ ①リットル ②1L
③3、3
❷ ①2L ②4L ③6L ④8L

考え方 ❶ L(リットル)はかさのたんいです。
❷ ①1Lの2はい分で2Lです。

42. 8 水のかさ 42ページ

❶ ①じゅんに デシリットル、10
②じゅんに ミリリットル、1000、100、100
❷ ①4 ②1、7 ③900
❸ ①1 ②600

考え方 ❶ dL(デシリットル)もmL(ミリリットル)もかさのたんいです。dLはLよりも小さいかさのたんいで、mLはdLよりも小さいかさのたんいです。
❷ ①1めもりは1dLです。4めもりで4dL
②1Lと7dLをあわせたかさは、1L7dL
③1めもりは100mLです。9めもりで900mL
❸ ①10dL=1L ②1dL=100mL

43. 8 水のかさ 43ページ

❶ ①2、4、1、3、4、3、4
②2、4、1、1、4、1、4

❷ ①13L ②600mL
③6L5dL ④9L5dL

❸ ①式 1L7dL＋6dL＝2L3dL
答え 2L3dL
②式 1L7dL－6dL＝1L1dL
答え 1L1dL

44. 9 三角形と四角形 44ページ

❶ じゅんに 辺、ちょう点、3、3、4、4

❷ 三角形…㋐、㋖ 四角形…㋒、㋔

考え方 ❷ ㋑は1本が直線ではありません。
㋓は直線がはなれています。
㋕は5本の直線でかこまれています。

45. 9 三角形と四角形 45ページ

❶ 直角

❷ ㋑、㋔

❸ ㋓、㋔、㋕、㋗

考え方 ❸ 三角じょうぎの直角のかどをあててしらべます。㋓は直角のかどが1つあります。

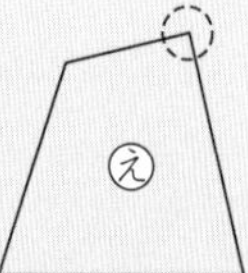

おうちのかたへ 直角を調べるときは、三角じょうぎの角を1つの辺にぴったりくっつけます。

46. 9 三角形と四角形 46ページ

❶ ①㋐直角 ㋑長方形
②㋒辺 ㋓正方形
③㋔同じ

❷ 長方形…㋑、㋖ 正方形…㋓、㋕

❸ ①正方形 ②長方形

考え方 ❸ ①かどはみんな直角で、辺の長さもみんな同じになります。
②かどはみんな直角になりますが、辺の長さはみんな同じにはなりません。

47. 9 三角形と四角形 47ページ

❶ ㋐直角 ㋑直角三角形

❷ ㋒、㋔

❸ （れい）

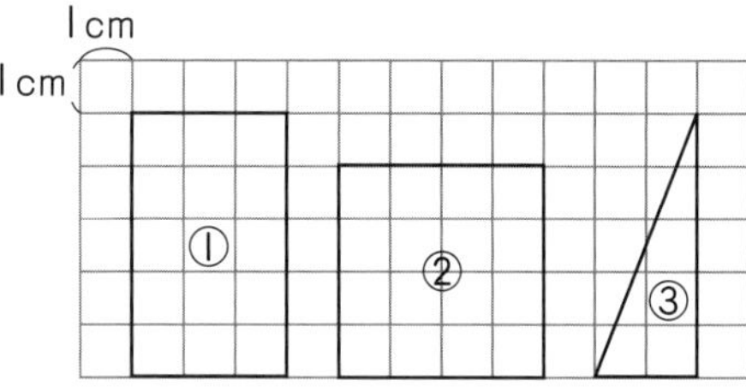

考え方 ❸ ①むかい合う辺の長さが同じになるように、方がんのめもりをあわせます。
②4つの辺の長さがみんな4めもり分です。
③方がんのかどをつかってかきます。

48. 10 かけ算 48ページ

❶ じゅんに 4こ、3ふくろ分、12こ、4、3、12

❷ ①じゅんに 3、5
②2×6

❸ ①

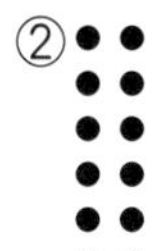

②

考え方 ❷ ①3 × 5
3この 5つ分

49. 10 かけ算 49ページ

❶ ①式 6＋6＝12 答え 12
②式 4＋4＋4＋4＋4＝20
答え 20

❷ ①式 5×3＝15 答え 15こ
②式 6×4＝24 答え 24こ

❸ 式 3×6＝18 答え 18こ

❹ 式 6×5＝30 答え 30こ

考え方 ❸ 3この6つ分だから、3×6

50. 10 かけ算 50ページ

❶ ①5 ②10 ③15
④20 ⑤25 ⑥30
⑦35 ⑧40 ⑨45

❷ ①5 ②10 ③15
④20 ⑤25 ⑥30
⑦35 ⑧40 ⑨45

❸ 時計(とけい)のはりが進(すす)むじゅんに
10、20、25、35、45

考え方 ❸ 5と時計の数字(すうじ)をかける九九で考(かんが)えることができます。

51. 10 かけ算 51ページ

❶ ①2 ②4 ③6
④8 ⑤10 ⑥12
⑦14 ⑧16 ⑨18

❷ ①2 ②4 ③6
④8 ⑤10 ⑥12
⑦14 ⑧16 ⑨18

❸ 式(しき) 2×7=14 答(こた)え 14人

考え方 ❸ 2人の7つ分(ぶん)だから、2×7

52. 10 かけ算 52ページ

❶ 左の文の□
じゅんに
3、3

3×1=3
3×2=6 （3ふえる）
3×3=9 （3 ふえる）
3×4=12 （3 ふえる）

❷ ①15 ②18 ③21
④24 ⑤27

❸ ①9 ②18 ③21
④27 ⑤12 ⑥15

❹ 式 3×4=12 答え 12まい

考え方 ❹ 3まいの4つ分だから、3×4

53. 10 かけ算 53ページ

❶ 左の文の□
じゅんに
4、1

4×1=4
（1ふえる） 4×2=8 （4ふえる）
（1ふえる） 4×3=12 （4 ふえる）
（1ふえる） 4×4=16 （4 ふえる）

❷ ①20 ②24 ③28
④32 ⑤36

❸ ①8 ②20 ③32

❹ ①式 4×6=24 答え 24まい
②28まい

考え方 ❹ ②もう1人ふえると、あと4まいいるから、24+4でもとめられます。
<べつの考え方(かた)>もう1人ふえると7人になるから、4×7=28

54. 10 かけ算 54ページ

❶ ①10 ②36 ③21
④15 ⑤12 ⑥8
⑦3 ⑧35 ⑨16
⑩20 ⑪18 ⑫25

❷ 式 5×6=30 答え 30人

❸ 式 3×8=24 答え 24まい

❹ ㋑、㋒、㋔

考え方 ❷ 5人1台(だい)で、6台分だから、5×6
❸ おちば3まいでしおり1まいだから、3×8
❹ 5×2は、5この2つ分のことです。㋐と㋓は、2この5つ分だから、2×5です。

おうちのかたへ 九九をくり返し練習して、完全に覚えましょう。

55。 11 かけ算九九づくり 55ページ

❶ 6

❷ ①24 ②18 ③42
④36 ⑤30 ⑥12
⑦6 ⑧48 ⑨54

❸ ①式 6×3=18 答え 18こ
②6こ

❹ 3×8

考え方 ❹ 6×4=24 なので、3×8=24

56。 11 かけ算九九づくり 56ページ

❶ ①7 ②42 ③56
④49 ⑤14 ⑥28
⑦21 ⑧35 ⑨63

❷ 式 7×3=21 答え 21日

❸ じゅんに 16、4、12、7、28

考え方 ❷ 7日の3つ分だから、7×3

❸

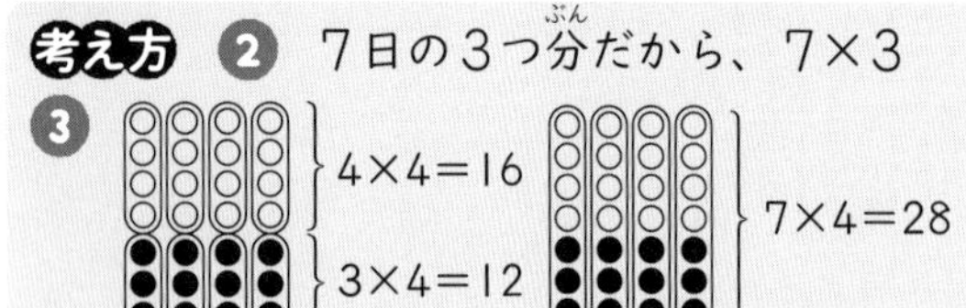

57。 11 かけ算九九づくり 57ページ

❶ ①24 ②48 ③8
④64 ⑤32 ⑥56
⑦40 ⑧16 ⑨72

❷ 式 8×5=40 答え 40こ

❸ じゅんに 32、2、16、48、2

考え方 ❸ ○は、8×4=32(こ)
●は、8×2=16(こ)
あわせて 48(こ)
8×6 の答えと同じです。

58。 11 かけ算九九づくり 58ページ

❶ ①18 ②63 ③36
④27 ⑤45 ⑥81
⑦9 ⑧54 ⑨72

❷ ①9 ②27 ③54
④81 ⑤72 ⑥36

❸ 式 9×4=36 答え 36人

❹ 式 9×5=45 答え 45こ

考え方 ❸ 9人の4つ分だから、9×4

59。 11 かけ算九九づくり 59ページ

❶ ①5 ②7 ③4
④8 ⑤2 ⑥6
⑦3 ⑧9

❷ ①6 ②3 ③8
④1 ⑤7 ⑥4

❸ 式 1×6=6 答え 6こ

考え方 1のだんの九九の答えは、かける数と同じになります。

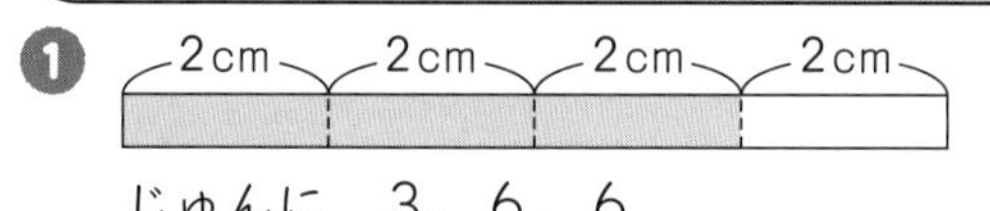

おうちのかたへ どんな数に1をかけても、数は変わりません。

60。 11 かけ算九九づくり 60ページ

❶ 2cm 2cm 2cm 2cm

じゅんに 3、6、6

❷ 式 9×5=45 答え 45cm

❸ 6この4倍
式 6×4=24 答え 24こ

❹ 式 4×3=12 答え 12こ

考え方 ❶ 2cmの3つ分の長さのことです。
❹ 4この3倍だから、4×3

61。 11 かけ算九九づくり 61ページ

❶ 21こ
❷ じゅんに 4、16
❸ じゅんに 2、3、12、12、22
30、2、30、22

考え方 ❶ 3まいずつのまとまりが、7こあると考えて、3×7
❷ 4×4＝16(cm)
❸ 1つめは、●を2つのまとまりに分けて、さいごにあわせるもとめ方、2つめは、大きなまとまりから●のないところをとりのぞくもとめ方です。

62。 11 かけ算九九づくり 62ページ

❶ ①24 ②14 ③81
④24 ⑤8 ⑥36
⑦35 ⑧63 ⑨72
❷ ①8×2 ②8×5 ③8×8
❸ 式 8×7＝56 答え 56字
❹ ①32 ②54

考え方 ❸ 1週間は7日です。1日8字で7日分だから、8×7
❹ ①8×4＝32 ②9×6＝54

おうちのかたへ ❷ 九九の表を見て、確かめておきましょう。

63。 12 長いものの長さ 63ページ

❶ じゅんに 150、50、1、50
❷ ①1、30 ②2、65 ③453
❸ ①2 ②3、20
③143 ④101

考え方 ❶ 30 cmの5つ分は、
30＋30＋30＋30＋30＝150だから、150 cm
❸ ②320 cm → 300 cmと20 cm
→ 3 mと20 cm
③1 m 43 cm → 100 cmと43 cm
→ 143 cm
④1 m 1 cm → 100 cmと1 cm → 101 cm

64。 12 長いものの長さ 64ページ

❶ 2、50
❷ 式 1 m 30 cm＋25 cm＝1 m 55 cm
答え 1 m 55 cm
❸ 式 2 m 60 cm－45 cm＝2 m 15 cm
答え 2 m 15 cm
❹ ①5 m 10 cm ②2 m 25 cm

考え方 ❷ 長さの計算をするときは、同じたんいの数どうしを計算します。
1 m 30 cm＋25 cm＝1 m 55 cm
(30＋25 → 55)

65。 水のかさ／三角形と四角形 65ページ

★1 ①2 L 4 dL ②600 mL
★2 ①1000 ②7
★3 三角形…㋔、㋗ 四角形…㋑、㋕
★4 ㋐…6 cm ㋑…4 cm ㋒…5 cm

考え方 ★1、★2 1 L＝1000 mL、1 L＝10 dL、1 dL＝100 mL
★4 長方形はむかい合う辺の長さが同じで、正方形は4つの辺の長さがみんな同じです。

おうちのかたへ ★4 長方形や正方形、直角三角形がどんな四角形、三角形なのかを覚えて、かくこともできるようにしましょう。

66。 かけ算／かけ算九九づくり／長いものの長さ 66ページ

★1 ①6 ②24 ③15
④48 ⑤42 ⑥2
⑦40 ⑧36
★2 式 6×3＝18 答え 18本
★3 式 7×4＝28 答え 28こ
★4 ①2 ②305 ③2、20

考え方 ★2 6本の3つ分、つまり6本の3倍だから、6×3＝18

おうちのかたへ もし、かけ算の九九を忘れても、たし算の式になおしたり、覚えている同じだんの九九から、かけられる数をたしていくと、答えを求めることができます。

67回 13 九九の表 67ページ

❶ 8
❷ ①4つ
②2×9、3×6、6×3、9×2
③2×8、4×4、8×2
❸ ①2　②6

考え方 ❷

		かける数								
		1	2	3	4	5	6	7	8	9
かけられる数	1	1	2	3	4	5	6	7	8	9
	2	2	4	6	8	10	○12	14	◎16	△18
	3	3	6	9	○12	15	△18	21	24	27
	4	4	8	○12	◎16	20	24	28	32	36
	5	5	10	15	20	25	30	35	40	45
	6	6	○12	△18	24	30	36	42	48	54
	7	7	14	21	28	35	42	49	56	63
	8	8	◎16	24	32	40	48	56	64	72
	9	9	△18	27	36	45	54	63	72	81

68回 13 九九の表 68ページ

❶ じゅんに　4、2、42、2
❷ ①じゅんに　10、60
②じゅんに　6、6、60
❸ ①50　②55　③60
④50　⑤80

考え方 ❸ ①5×9の答えより5だけ大きくなります。5×9＝45だから、
45＋5＝50
④かけられる数とかける数を入れかえると、
10×5＝5×10

おうちのかたへ　かけ算は、かけられる数とかける数を入れかえても答えは変わりません。

69回 14 はこの形 69ページ

❶ ①6　②長方形、2
❷ ①6つ　②正方形
❸ ㋐…2つ　㋑…2つ　㋒…2つ

考え方 ❶ もんだいのはこは、6つの長方形の面でできていて、同じ形の長方形の面がむかい合って2つずつあります。
❷ さいころの形は、同じ大きさの6つの正方形の面でできています。

70回 14 はこの形 70ページ

❶ ①7cm…4本、10cm…4本、
15cm…4本
②8
❷ ①㋐…辺　㋑…ちょう点
②㋒12　㋓8
❸ ①12　②8

考え方 ❷ はこの形には、辺が12、ちょう点が8つあります。
❸ さいころの形には、同じ長さの辺が12あります。

71回 15 1000より大きい数 71ページ

❶ じゅんに　2000、432、2432
❷ じゅんに　3000、45、3045
❸ ①5648　②9026
❹ ①>　②<

考え方 ❸ ②百の位の0をわすれずに書きましょう。

72回 15 1000より大きい数 72ページ

❶ [2000]・[400] → [2400]
❷ [30]こ・[2]こ → [32]こ
❸ ①7300　②10　③49、490

考え方 ❸ ③100は10を10こあつめた数です。900は10を90こあつめた数です。1000は10を100こあつめた数です。

73回 15 1000より大きい数 73ページ

❶ ①10000
②じゅんに　9999、9990、9900
❷
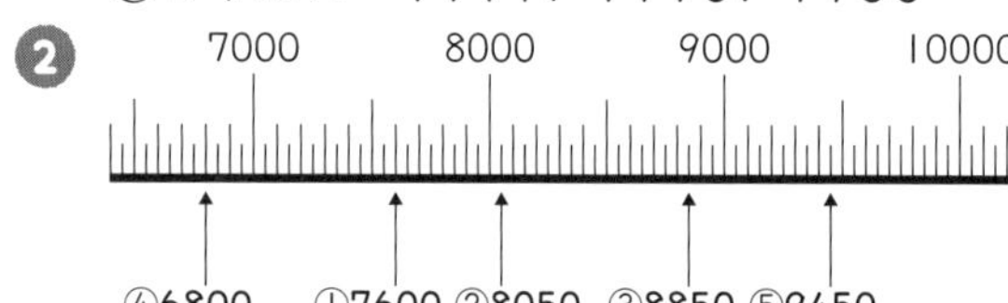

❸ ①1500　②1100　③1400
④1700　⑤1100

考え方 ❷ ①小さい１めもりは 1000 を 20 に分けているので 50 です。

74 16 図をつかって考えよう 74ページ

❶
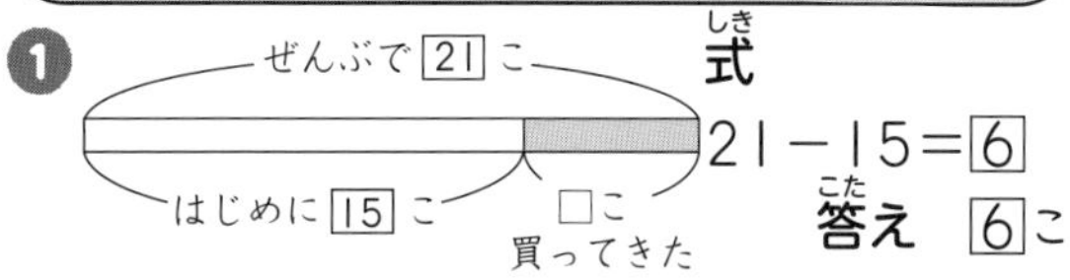

式 21－15＝$\boxed{6}$ 答え $\boxed{6}$こ

❷
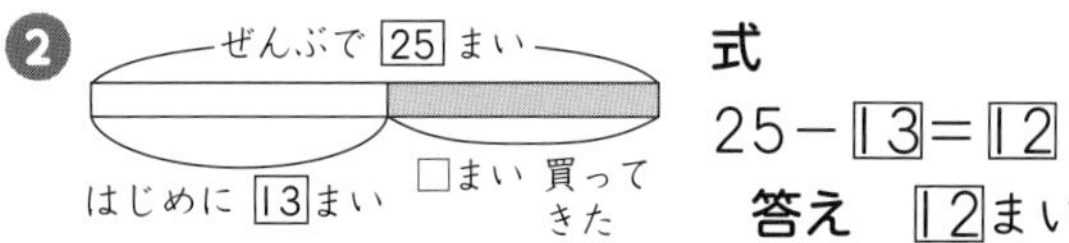

式 25－$\boxed{13}$＝$\boxed{12}$ 答え $\boxed{12}$まい

❸ ①
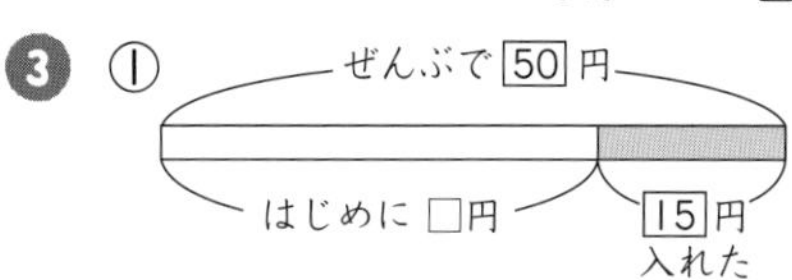

②式 50－15＝35 答え 35 円

考え方 図にあらわすと、ひき算でもとめられることがわかります。

75 16 図をつかって考えよう 75ページ

❶
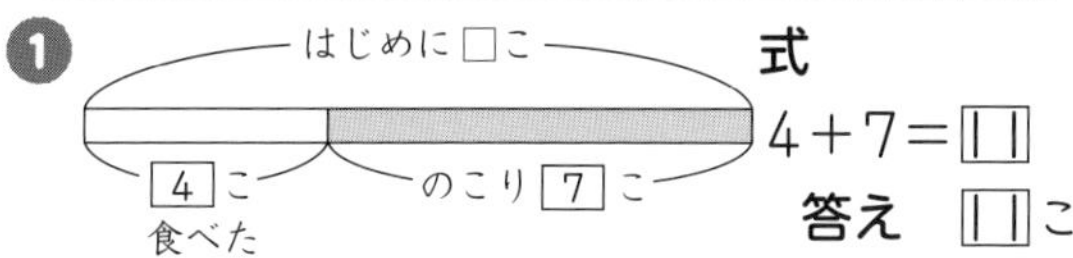

式 4＋7＝$\boxed{11}$ 答え $\boxed{11}$こ

❷
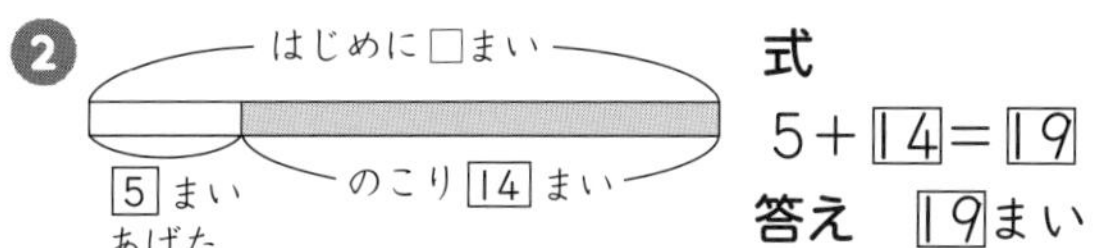

式 5＋$\boxed{14}$＝$\boxed{19}$ 答え $\boxed{19}$まい

❸ ①
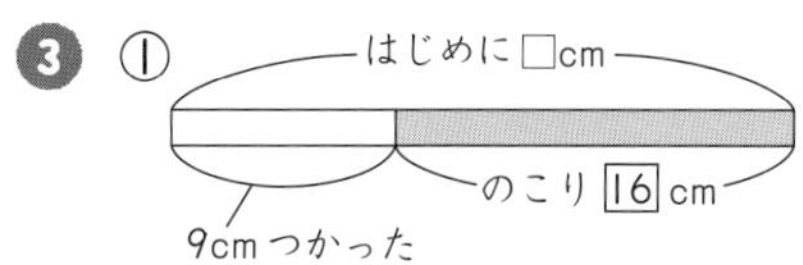

②式 9＋16＝25 答え 25 cm

考え方 図にあらわすと、はじめの数はたし算でもとめられることがわかります。

76 16 図をつかって考えよう 76ページ

❶ ①㋐…はじめに
㋑…つかった ㋒…のこり
②式 31－20＝11 答え 11 まい

❷ ①㋐…はじめに
㋑…帰った ㋒…のこり
②式 28－19＝9 答え 9人

考え方 ❶ 文しょうをよく読んで、「はじめに」、「つかった」、「のこり」のことばに目をつけて、図にあらわします。

77 17 １を分けて 77ページ

❶ Ⓐ

❷ ①$\frac{1}{4}$ ②$\frac{1}{4}$ ③$\frac{1}{8}$

❸ ①4 ②6

考え方 ❶ Ⓘとⓤは、色をぬってあるところとぬってないところを、２つに切ってかさねても、ぴったりかさならないから、$\frac{1}{2}$ではありません。
❷ ②は、正方形を４等分した１つ分ですから、もとの正方形の$\frac{1}{4}$です。

78 長さ／100より 大きい 数／たし算と ひき算／時こくと 時間 78ページ

★1 ①10 ②48

★2 ①619 ②1000

★3
① $\begin{array}{r} {}^{1}\ \ \\ 27 \\ +64 \\ \hline 91 \end{array}$ ② $\begin{array}{r} {}^{1}\ \ \\ 32 \\ +89 \\ \hline 121 \end{array}$ ③ $\begin{array}{r} {}^{1}\ \ \\ 685 \\ +\ \ 7 \\ \hline 692 \end{array}$

④ $\begin{array}{r} {}^{6\,1} \\ 76 \\ -18 \\ \hline 58 \end{array}$ ⑤ $\begin{array}{r} {}^{1\,1}\ \\ 123 \\ -\ 59 \\ \hline 64 \end{array}$ ⑥ $\begin{array}{r} {}^{2\,1}\ \\ 531 \\ -\ 16 \\ \hline 515 \end{array}$

★4 式 100 cm－53 cm＝47 cm
答え 47 cm

★5 ①60 ②24

考え方 ★1 ②4 cm 8 mm → 4 cm と 8 mm → 40 mm と 8 mm → 48 mm
★3 筆算で計算しましょう。

おうちのかたへ ★1・★5 時間や長さの単位の関係を復習しましょう。
★2 3けたの数のしくみと 1000 までの数の並びを復習しましょう。
★3 筆算は、位をたてにそろえて書き、くり上がり、くり下がりに気をつけます。答えの確かめもしましょう。

79. 水のかさ／三角形と四角形／かけ算 79ページ

1 ①2L6dL　②400 mL

2 5L5dL

3 三角形…㋐、㋓　四角形…㋑、㋒

4 ①8　②10　③27

④18　⑤36　⑥49

5 式　8×5＝40　答え　40こ

考え方 2 3L5dL＋2L＝5L5dL

5 8この5つ分だから、8×5

おうちのかたへ 1・2 かさの単位の関係や計算を復習しましょう。

3 長方形・正方形・直角三角形についても復習しておきましょう。

4・5 かけ算の九九を完全に覚えましょう。

80. 長いものの長さ／はこの形／1000より大きい数／図をつかって考えよう／1を分けて 80ページ

1 ①163　②1、5

2 面…6　辺…12　ちょう点…8

3 ①3025　②7800　③10000

4 ㋐…はじめに　㋑…かした

㋒…のこり

5 ①$\frac{1}{2}$　②$\frac{1}{4}$

考え方 3 ①百の位の0をわすれずに書きましょう。

②100が78こ〈100が70こ→7000 / 100が 8こ→ 800〉7800

4 「はじめに」が、図のぜんたいの数になるから、㋐です。かした7さつのほうが、のこりの18さつより少ないから、㋑が「かした」になります。

おうちのかたへ 3 1万までの数のしくみや大小を理解し、数の線の読み方も復習しましょう。

4 文章の問題では、数の関係を図にかくと、わかりやすくなります。

5 分数の表し方を復習しましょう。